Building Chatbots with Python

Python聊天机器人开发
基于自然语言处理与机器学习

[印] Sumit Raj 著
黄光远 杨菲 译

电子工业出版社
Publishing House of Electronics Industry
北京·BEIJING

内 容 简 介

本书是使用 Python 动手搭建聊天机器人的入门书籍。全书共 5 章，包含聊天机器人的发展历史、自然语言处理的相关知识，以及多种搭建、部署聊天机器人的基本方法。此外，作者还提供了丰富的源码和细致的教程，极具实操性。无论你是具有一定 Python 编程基础的技术人员，还是想更多了解聊天机器人相关知识的产品经理、项目管理人员，都能从本书学习到搭建聊天机器人的相关内容，并能在本书的指导下实际完成聊天机器人的搭建和对外发布。

Building Chatbots with Python: Using Natural Language Processing and Machine Learning by Sumit Raj.
ISBN:978-1-4842-4095-3
Original English language edition published by Apress Media.
Copyright©2018 by Apress Media.
Simplified Chinese-language edition copyright©2020 by Publishing House of Electronics Industry.
All rights reserved.
本书中文简体版专有版权由 Apress Media.授予电子工业出版社。专有出版权受法律保护。

版权贸易合同登记号　图字：01-2019-5248

图书在版编目（CIP）数据

Python 聊天机器人开发：基于自然语言处理与机器学习 /（印）苏米特·拉杰（Sumit Raj）著；黄光远，杨菲译. —北京：电子工业出版社，2020.5
书名原文：Building Chatbots with Python
ISBN 978-7-121-38347-2

Ⅰ. ①P… Ⅱ. ①苏… ②黄… ③杨… Ⅲ. ①自然语言处理—研究②智能机器人—研究 Ⅳ. ①TP391 ②TP242.6

中国版本图书馆 CIP 数据核字（2020）第 021945 号

责任编辑：张春雨
印　　刷：三河市双峰印刷装订有限公司
装　　订：三河市双峰印刷装订有限公司
出版发行：电子工业出版社
　　　　　北京市海淀区万寿路 173 信箱　邮编：100036
开　　本：787×980　1/16　印张：11.5　字数：257.6 千字
版　　次：2020 年 5 月第 1 版
印　　次：2020 年 5 月第 1 次印刷
定　　价：69.00 元

凡所购买电子工业出版社图书有缺损问题，请向购买书店调换。若书店售缺，请与本社发行部联系，联系及邮购电话：（010）88254888，88258888。
质量投诉请发邮件至 zlts@phei.com.cn，盗版侵权举报请发邮件至 dbqq@phei.com.cn。
本书咨询联系方式：010-51260888-819，faq@phei.com.cn。

谨以此书及为此付出的所有努力，献给我的哥哥 Nikhil Raj，我今年刚刚失去了他。无法想象他知道书籍出版时会有多么骄傲。

我要感谢我的父母 Dinanath Prasad 和 Shobha Gupta、兄弟姐妹、亲朋好友，他们一直给予我支持和鼓励，体谅我因为写书而没能时刻陪伴着他们。

关于作者

Sumit Raj 是一个喜欢编程和搭建应用的技术人员,也是一位对机器学习和自然语言处理有浓厚兴趣的 Python 专家。他相信通过程序,可以直接影响公司的营收情况。

Sumit 曾在多个领域工作,如个人财务管理、房地产、电子商务和收益分析,完成了多个可扩展的应用程序。他曾帮助多个早期创业公司完成了产品的初始设计和架构,这些公司后来得到了投资者和政府的赞助。他拥有应用尖端技术的丰富经验,这些经验被用于互联网/企业级应用的可扩展性、性能调优和降低成本等方面。

Sumit 一直在全球范围内指导学生和开发人员进行 Python 编程。他在各种在线、离线平台上指导了超过 1000 名学生及专业人士进行编程和数据科学探索,并为他们提供了职业规划建议等。他喜欢参加各种技术会议和研讨会等。他从不会错过参加"编程马拉松"的机会。对搭建应用程序和解决问题的热爱为他赢得了多个奖项和荣誉。他经常被邀请在印度一流的教育机构发表演讲。同时他还是 PyLadies 交流小组的演讲者,这是由使用 Python 编程的女士组成的组织,由 PSF(Python Software Foundation,Python 软件基金会)的前任主管所领导。

在空闲时间里,他喜欢写博客,以及在 Quora 上回答关于计算机编程、聊天机器人、Python/Django、职业建议和网站开发的问题,答案观看次数已累计超过 100 万。你可以在 Quora 上邀请他来回答问题。

最近,Sumit 在印度班加罗尔的 GeoSpark R&D 担任高级解决方案架构师,正在建立一个用于位置跟踪的开发平台。你可以从他的网站了解更多关于他的信息(网址见链接列表 0.1 条目)。你也可以在网站(网址见链接列表 0.2 条目)上提出问题并进行讨论。

关于技术审稿人

Nitin Solanki 在自然语言处理、机器学习和人工智能聊天机器人开发方面拥有非常丰富的经验。他在多个领域开发过人工智能聊天机器人，包括医疗保健、电子商务、教育和法律咨询等。他在自然语言处理库、数据挖掘、数据清理、特征工程、数据分析和可视化及机器学习算法等方面经验丰富。Nitin 喜欢让事情变得简单和自动化。在业余时间，他开始不停地想赚钱的点子。因此，他一直忙于探索技术和编写代码。

致谢

　　这本书是我在职业生涯中做出的最真诚的努力带来的结果。为了完成这本书,我经历了许多不眠之夜。我会一辈子感激我的父母,因为他们造就了今天的我。我还要感谢我的兄(弟)姐(妹)Nitish 和 Prity,他们一直都在,并且默默理解我和鼓励我。

　　这份感谢的对象,也不能缺少包括 Nikhil 和 Divya 在内的出色的 Apress 团队,他们从本书的开始到出版都一直在耐心支持我。他们是最好的工作伙伴。特别感谢 Matt 为我的第一本书所做的所有指导,以及不断提供的改进意见和反馈。同时非常感谢 Nitin 进行了技术审稿并提出编辑建议。

本书介绍

这本书写得非常仔细，旨在保正里面的教学贴合实际，并以结果为导向。搭建聊天机器人不仅仅是完成教程或者实现几个步骤——这本身就是一项技能。这本书不会是枯燥无味的大量文字堆积，而是采用从实践中学习的方式进行讲解。现在你肯定至少使用过一个聊天机器人来完成生活中的事情了。不管你是不是一名程序员，一旦读完了这本书，都将会找到搭建聊天机器人的基石；所有的神秘面纱都将被揭开。搭建聊天机器人，可能外行人看起来很困难，但这本书让这件事变得简单。我们的大脑不擅长直接处理复杂的概念；相反，我们善于循序渐进地进行学习。在阅读这本书的时候，从第 1 章到最后一章，你会逐步找到事情进展的清晰脉络。虽然可以直接跳到任何章节开始阅读，但我强烈建议你从第 1 章开始学习，这样肯定能帮助你理清思路。

这本书就像是一个系列网站，当你看完一章之后，肯定迫不及待地想进入下一章。阅读完本书后，你对接触过的聊天机器人的设计方式及内部的具体实现方式，都会有一个大体的认知。

本书适合人群

这本书可以作为学习聊天机器人的相关概念和如何搭建它们的重要材料。本书会对以下人群起到帮助作用：

- 希望将知识面或职业拓展到聊天机器人开发中的 Python 网站开发人员。

- 希望通过实践经验获得新技能,创造出可展示的作品,并期望能从人群中脱颖而出的学生或者有抱负的程序员。
- 希望学习如何从头开始搭建聊天机器人的自然语言爱好者。
- 拥有很好的想法但缺乏足够的技术来搭建聊天机器人的初创企业家。
- 计划开始开发聊天机器人相关项目的产品/工程管理者。

如何阅读本书

请记住,本书的编写方式和其他书籍不太一样。这本书的编写主旨,是让你在读完本书后,能自己搭建一个聊天机器人或者教导别人怎么搭建一个聊天机器人。在读本书前请记住以下这几点:

- 本书几乎涵盖了搭建聊天机器人所需的所有内容,而不仅仅是通用的内容。
- 希望你能参考书中的内容并花更多的时间在系统上进行实践。确保你会执行每段代码并尝试编写代码;不要单纯地复制和粘贴。
- 确保按照书中的步骤进行学习;如果暂时有一些不明白的内容,也不要担心。你将在后续内容中学习到它们。
- 使用本书提供的源码和 Jupyter Notebook 作为参考。

本书内容

第 1 章:心爱的聊天机器人 在本章你将从商业和开发人员的视角了解与聊天机器人相关的内容。本章奠定了在本书中对聊天机器人相关知识点进行代码实现的基调。希望在本章结束之前,你能找到为自己或为公司搭建聊天机器人的充足理由。

第 2 章:聊天机器人中的自然语言处理 在本章你将了解搭建聊天机器人时要用到的自然语言处理工具和方法。本章不仅会介绍自然语言处理的相关方法,还会通过现实生活中的例子来展示代码实现示例。本章还会讨论为什么在聊天机器人中需要用到自然语言处理技术。请注意自然语言处理本身也是一项值得掌握的技能。

第 3 章：轻松搭建聊天机器人 在本章你将学习如何通过一些方便和好用的工具（比如 Dialogflow）来搭建聊天机器人。如果你不是一名程序员，那你肯定会对这一章感兴趣，因为它仅需要一点或根本不需要编程技能。

第 4 章：从零开始搭建聊天机器人 在本章你将学习如何以人们想要的方式来搭建聊天机器人。标题说明了这不会很简单，但只要你学习完上一章的知识，就会想要学习更多，本章会介绍如何从零开始搭建聊天机器人，以及怎么使用机器学习算法来训练聊天机器人。

第 5 章：部署自己的聊天机器人 本章是推进聊天机器人程序的最后一个步骤。当借助有关工具或者从零开始搭建了一个聊天机器人时，你肯定不希望只有你自己能使用它。你将会学习如何借助 Facebook 或者 Slack 向全世界展示聊天机器人，并且最终将它们集成到你自己的网站上。

读者服务

微信扫码回复：38347

- 获取本书配套代码资源
- 加入读者交流群，与更多读者互动
- 获取博文视点学院 20 元付费内容抵扣券
- 获取更多技术专家分享视频与学习资源
- 获取本书提及所有网址的"链接列表"

目录

第 1 章　心爱的聊天机器人 1
　　聊天机器人的受欢迎程度 2
　　Python 之禅以及为什么它适用于聊天机器人 3
　　对聊天机器人的需求 4
　　　　商业视角 5
　　　　开发者视角 9
　　受聊天机器人影响的行业 11
　　聊天机器人的发展历程 12
　　　　1950 12
　　　　1966 12
　　　　1972 12
　　　　1981 12
　　　　1985 12
　　　　1992 13
　　　　1995 13
　　　　1996 13
　　　　2001 13
　　　　2006 13
　　　　2010 13

2012 14
2014 14
2015 14
2016 14
2017 14
我可以用聊天机器人解决什么样的问题 15
　　这个问题能通过简单的问答或来回交流解决吗 15
　　这个工作是否有高度重复性，需要进行数据收集和分析 15
　　你的机器人的任务可以自动化和固定化吗 16
一个 QnA 机器人 16
从聊天机器人开始 17
聊天机器人中的决策树 18
　　在聊天机器人中使用决策树 18
　　决策树如何起到作用 18
最好的聊天机器人/机器人框架 21
聊天机器人组件和使用的相关术语 23
　　意图（Intent）... 23
　　实体（Entities）.. 23
　　话术（Utterances）... 24
　　训练机器人 24
　　置信度得分 24

第 2 章　聊天机器人中的自然语言处理 25
为什么我需要自然语言处理知识来搭建聊天机器人 25
spaCy 是什么 26
　　spaCy 的基准测试结果 27
　　spaCy 提供了什么能力 27
spaCy 的特性 28
　　安装和前置条件 29
　　spaCy 模型是什么 31
搭建聊天机器人所使用的自然语言处理基本方法 32

词性标注 32
　　　词干提取和词性还原 36
　　　命名实体识别 38
　　　停用词 41
　　　依存句法分析 43
　　　名词块 47
　　　计算相似度 49
　搭建聊天机器人时自然语言处理的一些好方法 51
　　　分词 51
　　　正则表达式 52
　总结 53

第 3 章 轻松搭建聊天机器人 55
　Dialogflow 简介 55
　开始 56
　　　搭建一个点餐机器人 57
　　　确定范围 57
　　　列举意图 57
　　　列举实体 58
　搭建点餐机器人 58
　　　Dialogflow 入门 59
　　　创建意图的几大要点 62
　　　创建意图并添加自定义话术 62
　　　为意图添加默认回复 63
　　　菜品描述意图及附属实体 64
　　　理解用户需求并回复 67
　将 Dialogflow 聊天机器人发布到互联网上 72
　在 Facebook Messenger 上集成 Dialogflow 聊天机器人 75
　　　设置 Facebook 76
　　　创建一个 Facebook 应用程序 76
　　　设置 Dialogflow 控制台 77
　　　配置 Webhook 79

	测试信使机器人	80
	Fulfillment	83
	启用 Webhook	85
	检查响应数据	87
	总结	89

第 4 章　从零开始搭建聊天机器人 91

	Rasa NLU 是什么	92
	我们为什么要使用 Rasa NLU	92
	深入了解 Rasa NLU	93
	从零开始训练和搭建聊天机器人	94
	搭建一个星座聊天机器人	94
	星座机器人和用户之间的对话脚本	95
	为聊天机器人准备数据	96
	训练聊天机器人模型	101
	从模型进行预测	103
	使用 Rasa Core 进行对话管理	105
	深入了解 Rasa Core 及对话系统	105
	理解 Rasa 概念	108
	为聊天机器人创建域文件	111
	为聊天机器人编写自定义动作	113
	训练机器人的数据准备	116
	构造故事数据	117
	交互学习	119
	将对话导出成故事	132
	测试机器人	133
	测试用例一	133
	测试用例二	134
	总结	135

第 5 章 部署自己的聊天机器人 137

前提条件 137

Rasa 的凭据管理 137

在 Facebook 上部署聊天机器人 139

 在 Heroku 上创建一个应用 139

 在本地系统中安装 Heroku 140

 在 Facebook 上创建和设置应用程序 140

 在 Heroku 上创建和部署 Rasa 动作服务器应用程序 143

 创建 Rasa 聊天机器人 API 应用程序 144

 创建一个用于 Facebook Messenger 聊天机器人的独立脚本 144

 验证对话管理应用程序在 Heroku 上的部署情况 147

 集成 Facebook Webhook 148

 部署后验证：Facebook 聊天机器人 149

在 Slack 上部署聊天机器人 151

 为 Slack 创建独立脚本 151

 编辑 Procfile 154

 将 Slack 机器人最终部署到 Heroku 上 154

 订阅 Slack 事件 155

 订阅机器人事件 156

 部署后验证：Slack 机器人 156

独立部署聊天机器人 157

 编写脚本实现自己的聊天机器人通道 158

 编写 Procfile 并部署到 Web 上 159

 验证你的聊天机器人 API 160

 绘制聊天机器人的图形界面 161

总结 165

第 1 章
心爱的聊天机器人

当你开始搭建一个聊天机器人时,很重要的一点是需要明白聊天机器人能做什么事情和它们是什么样子的。

你一定听说过 Siri、IBM Watson、Google Allo 等。这些机器人尝试去解决的一个基本问题,就是成为能帮助用户提高效率的媒介。通过它们的帮助,用户不需要关心信息是怎么检索出来的,以及需要输入什么格式的内容才能查询到特定信息。机器人越多地处理用户输入数据,就越能了解用户需求,也会变得越来越聪明。当它们可以准确提供你所需要的内容时,可以把它们看作是成功的聊天机器人。

在浏览不同网站时,每次都需要输入同样的名字、邮箱 ID、住址和个人身份证号,这会不会让你感觉不悦和烦躁?想象一下,有个机器人能完成你的工作——比如,从不同的供应商购买食物,从各种电子商务公司进行网上购物,或者预定航班、火车票,但不需要每次都手动填写相同的邮箱 ID、送货地址或者付款信息。这个机器人有能力提前知道这些信息,并且拥有足够的智能去检索所需要的内容,当你用自己的语言,或是用计算机科学中著名的自然语言(Natural Language)来询问它时。

比起早些年的技术,现在搭建聊天机器人要更为简单,但其实聊天机器人技术也已经发展几十年了;而最近几年,聊天机器人的热度以指数式增长。

如果你是个技术人员,或者稍微了解网站应用或移动应用知识,那么一定听说过术语 API(Application Programming Interface,应用程序编程接口)。今天所需要的各类数据,都可以通过不同开发者或机构提供的 API 获得。如果你正在查找天气信息、预定门票、购买食物、查询航班信息、翻译或者在 Facebook 或 Twitter 上发布动态,这些全部都可以通过 API 实现。网页或移动应用程序都可以使用这些 API 完成相关的任务。根据需求,聊天机器人也可以调用这些

API 完成同样的任务。

相比传统的在线服务的方法，聊天机器人更胜一筹的原因在于它可以帮你完成多种任务。它不仅仅是一个聊天机器人，而更像是你的虚拟个人助理。想象一下，你现在需要去 booking.com 预定一间酒店客房，同时在附近酒店里的饭店预订位置，现在这些你都可以通过聊天机器人去完成。聊天机器人能满足多种需求，因此能节省大量的时间和金钱。

在本书里我们将会学习如何与机器人进行自然的对话，以及如何让机器人理解我们的自然语言，并用统一的接口让它替我们完成各种任务。

通常情况下，机器人只是一台拥有足够的智能来理解请求的机器，它会将请求转化为其他软件系统能理解的形式，以此获得需要的数据。

聊天机器人的受欢迎程度

最近聊天机器人变得越来越受欢迎。来看图 1-1，它描述了聊天机器人的增长趋势，并尝试去解释为什么会有大量构建聊天机器人的需求。

最近 5 年网页搜索词"聊天机器人"的趋势

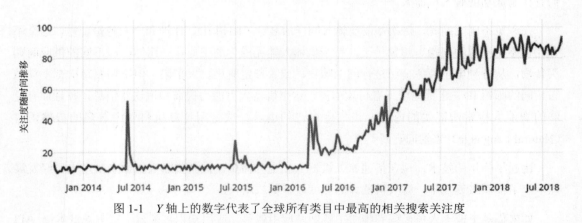

图 1-1　Y 轴上的数字代表了全球所有类目中最高的相关搜索关注度

首先想到的一个简单理由是，聊天机器人不是一个复杂的软件，并且可以被任何人使用。在构建软件时我们会预先考虑它的受众人群，但如果受众是所有人，软件常常会变得复杂和不可使用。而在搭建聊天机器人时，我们要时刻记住它会被全年龄段的用户群体使用。这种情况只会在聊天机器人上发生，这时候它会表现得像一个沉默寡言的人（但它是相当聪明的）并且让用户自由表达。在使用所有其他的软件时,你会发现需要学会一些术语,或者逐步学习到怎样才能更好地使用它们,但在使用聊天机器人时不会遇到这种情况。只要知道怎么与人进行交流,在使用聊天机器人时就不会遇到任何问题。

聊天机器人的需求在不断增加。但是,我们对使用聊天机器人背后的动机还缺乏足够的研究。在最近的一次研究中,一份线上调查问卷的组织者邀请了美国 16~55 岁的聊天机器人用户来描述他们在日常生活中对聊天机器人的需求。调查显示,追求"生产效率"是使用聊天机器人的主要动机。

Python 之禅以及为什么它适用于聊天机器人

我记得《Python 之禅》(*Zen of Python*)里面提到,"简单比复杂更好",这也适用于软件的很多方面。

《Python 之禅》(*Zen of Python*)里收集了 20 条软件法则,它们影响了 Python 编程语言的设计思想。

——Tim Peters

想要了解"什么是 Python 之禅",尝试以下步骤。

如果已经在计算机上安装了 Python,那就去 Python 解释器里输入以下代码:

```
Python 2.7.15 (default, May 1 2018, 16:44:08)
[GCC 4.2.1 Compatible Apple LLVM 9.1.0 (clang-902.0.39.1)] on darwin
Type "help", "copyright", "credits" or "license" for more information.
>>> import this
The Zen of Python, by Tim Peters

Beautiful is better than ugly.
Explicit is better than implicit.
Simple is better than complex.
Complex is better than complicated.
Flat is better than nested.
Sparse is better than dense.
Readability counts.
Special cases aren't special enough to break the rules.
Although practicality beats purity.
Errors should never pass silently.
```

```
Unless explicitly silenced.
In the face of ambiguity, refuse the temptation to guess.
There should be one—and preferably only one—obvious way to do it.
Although that way may not be obvious at first unless you're Dutch.
Now is better than never.
Although never is often better than *right* now.
If the implementation is hard to explain, it's a bad idea.
If the implementation is easy to explain, it may be a good idea.
Namespaces are one honking great idea—let's do more of those!
```

你可能不能将上述所有观点与聊天机器人关联起来,但是你绝对可以对应上大部分内容。

好了,回到我们的主题。在我的印象中,开始使用 Orkut 提供的 Facebook 用户接口是一件非常困难的事情。如果从来没使用过 Orkut,你可能无法理解这一点,但可以试着想象一下生活中的一个场景:在尝试使用一些新的软件或应用程序时,你会发现刚开始使用时非常难以适应。类似从 Windows 系统切换到 MacOS/Linux 系统,或者反过来。当使用一款新的应用程序时,需要学习一些知识,并且需要时间来习惯它,知道它的作用和工作原理。即使有些应用程序已经使用多年了,有时候也会突然察觉到一些之前未曾发现的特性。如果你在使用 MacOS,试试按下 [Shift + Option + Volume Up/Down] 组合键看看会发生些什么。如果之前不知道这个特性,那这有没有让你感到惊喜?

对于聊天机器人,用户和服务器或者后端系统间的通信非常简单。这就好像是在使用通信 App 和其他人进行对话一样。

只需要输入想要的内容,机器人应该能够给你提供,或者指导你如何去获得这些信息。换句话来说,它应该通过提供链接或文档来为你指出正确的信息。现在是机器人能够从文章和文档中挖掘信息并提供给用户的时候了。

在谷歌、Facebook 和 IBM 公司,以及 Amazon Lex、wit.api、api.ai、luis.ai、IBM Watson、Amazon Echo 等机器学习服务的推动下,AI 领域取得了重大进展,带来了这类机器人的快速发展和对其的强烈需求。

对聊天机器人的需求

现在,我们将尝试从两个不同的角度看待在信息快速增长和检索时代下对聊天机器人的需求:商业视角和开发者视角。因此,如果你是产品经理、销售经理、市场营销或者是在任何直接推动业务的相关领域,那么你不应该跳过聊天机器人商业视角的相关章节。它将清晰地向你描述当代商业为什么需要采用这项技术来增加营收。

商业视角

我们将尝试从商业的视角探讨聊天机器人。拥有一个聊天机器人或者将大部分事情交给机器人去完成，这对企业来说是否有帮助？

企业将聊天机器人作为一种营销工具的时代已经到来，优势如下。

- **可访问性**：聊天机器人易于被访问。消费者可以打开网站直接提问来解决自己的问题，而无须拨打一组号码，然后按照电话服务（IVR，互动式语音应答）的生硬套路"按1进入什么，按2进入什么"进行操作。它们可以通过提供一组基本信息快速达到目的。

- **效率**：客户可以坐在办公室的桌子前工作，或躺在起居室的沙发上看比赛，同时通过聊天机器人查询信用卡的申请进度，看看食品订单的配送情况，或就任何问题发起投诉。

  如果你让客户高效和富有成效，他们就会开始喜欢你。机器人正好能做到这些，并有助于促进业务发展。

- **可用性**：聊天机器人可以为你提供 7×24 小时的服务。它们永远不需要休假，也不像人类雇员一样会感到疲惫。它们每次都会以相同的效率和性能完成新老任务。当致电客户服务电话后听到"请在上午 9:00 到下午 6:00 之间给我们打电话"时，你可能会感到沮丧，其实你仅仅需要问一条信息。但你的机器人永远不会这么说。

- **可扩展性**：一个机器人大于等于 100 万名员工。你看到了吗？是的，如果你的机器人能够满足一个客户的需求，那它也可以轻松地同时处理成百上千个客户查询，并且不会大汗淋漓。你不需要让客户在队列中等待，直到客服代表空闲下来。

- **成本**：毋庸置疑，它们为企业节省了大量成本。谁不想省钱？当机器人能为你做到这件事时，你没有理由不喜欢它们。

- **洞察力**：你的销售代表可能没办法记住用户的所有行为，也没办法给你提供有关消费者行为模式的独家见解，但借助最新的机器学习和数据科学技术，机器人能够具备这些能力。

聊天机器人带来收入

事实证明，聊天机器人能够为企业带来更多收入。与竞争对手相比，启用了聊天机器人或创建了新聊天机器人来支持客户查询的企业在市场上表现更好。

正如 stanfy.com 上的一篇博文中所言，在推出 Facebook 聊天机器人后的两个月内，1-800-Flowers.com 公布，通过 Facebook Messenger 下单的用户 70%以上都是新客户。这些新用户基本也比公司的典型购买者年轻，他们已经相当熟悉 Facebook Messenger 应用程序。这大大增加了公司年收入。

> 聊天机器人最大的附加值之一是使用它们来发掘潜在客户。可以通过潜在客户的关注点（各种信使机器人）直接触达他们并向他们展示最新的产品、服务或商品。当客户想要购买产品/服务时，他/她可以通过聊天机器人进行购买，包括完成支付过程。1-800-Flowers.com、eBay 和 Fynd 等公司已经证明了这一模式。
>
> ——Julien Blancher, Recast.AI 联合创始人

在 ChatbotsLife 的创始人 Stefan Kojouharov 撰写的一篇文章中，他提到不同公司如何通过聊天机器人赚取更多的金钱。他说，电子商务领域已开始以多种方式使用聊天机器人迅速给公司增加利润。让我们来看看早期的成功案例。

- **1–800-Flowers**：公布他们通过 Facebook Messenger 下单的用户超过 70%都是新客户。
- **Sephora**：通过他们的 Facebook Messenger 聊天机器人将美容预约增加了 11%。
- **Nitro Café**：使用 Messenger 聊天机器人将销售额提高了 20%，他们的聊天机器人支持便捷的订购方式、直接付款和即时双向通信。
- **Sun's Soccer**：聊天机器人通过特定的足球新闻报道将近 50%的用户带回了他们的网站；43%的聊天机器人订阅用户在黄金时段进行了点击。
- **Asos**：使用 Messenger 聊天机器人增加了 300%的订单，并在 Spend 获得 250%的回报，同时触达人数增加了 3.5 倍。

图 1-2 试图阐明为什么聊天机器人和收入之间存在直接关联。让我们通过图 1-2 进行深入了解。

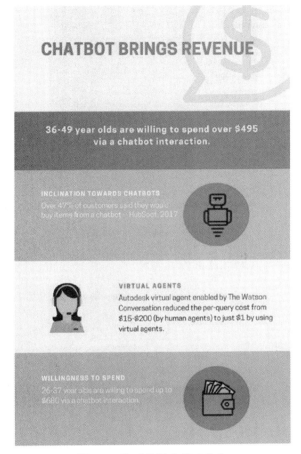

图 1-2　聊天机器人带来收入

聊天机器人用法一览

我们将尝试通过聊天机器人的可用性和它提供的效率，来看看它能对消费者起到多大的作用。在这个炙手可热的 IT 时代，每个人都希望在所有事情上保持快速运转，使用聊天机器人每天都能让工作更轻松、更高效。它在一定程度上是个性化定制的，我们不需要重复执行某些操作；这迫使我们重新对软件的传统使用方式进行思考。图 1-3 能让你对聊天机器人的使用情况有一个全面的了解。

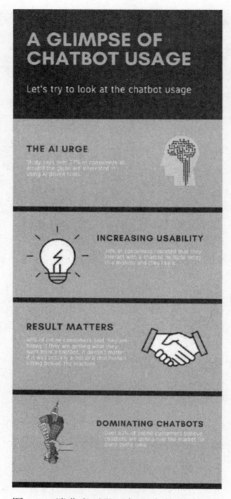

图 1-3 消费者对聊天机器人的用法一览

客户更喜欢的聊天机器人

  聊天机器人不仅是现代的一款软件。聊天机器人就像是我们的私人助理，它们了解我们并且可以进行细致的配置。它们记得我们的好恶，并且从不会因忘记曾经教给它们的东西而让我们失望，这就是每个人都喜欢聊天机器人的原因。下次遇到其他人或你的客户时，不要忘记询问他们是更喜欢传统软件还是先进的聊天机器人。让我们看一下图 1-4，了解相较于其他软件系统客户更喜欢聊天机器人的人机交互方式的原因。

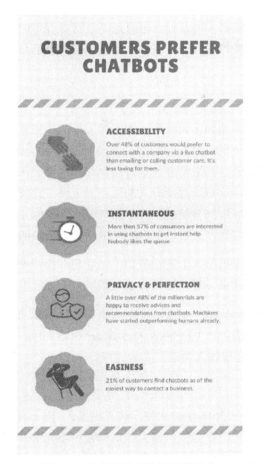

图 1-4 客户更喜欢的聊天机器人

在本章的下一节,我们将讨论为什么对于新入行的开发人员来说聊天机器人是下一个大热门。无论你是初级或中级开发人员,还是经验丰富的 SME(Subject Matter Expert,精通某一领域或主题的专家),都必须了解开发人员在搭建聊天机器人时可以使用的资源。

开发者视角

当你必须更新计算机、手机的操作系统或可能正在使用的任何应用程序以使用新功能时,是否会感到痛苦?如果每次使用新功能都不需要更新应用程序,你觉得怎么样?或者,相较于使用多个应用程序,可以使用一个应用程序完成当前由多个应用程序完成的大部分工作,你觉得怎么样?

对开发人员来说，搭建机器人的过程会很有趣。这就像教你的孩子走路、说话、行为举止和做事的方法。你喜欢把它变得更聪明、更独立。从开发人员的角度来看，聊天机器人是一个非常值得了解的课题。

功能发布和缺陷修复

很多功能可以轻松地被添加到聊天机器人中，而无须用户更新聊天机器人应用程序。如果你发布了一个带有缺陷的应用程序版本，那会是一个痛苦的问题，你必须修复它，并在AppStore上再次提交发布并等待审核通过，最重要的是，用户必须更新应用程序。如果他们没有更新，那么就会继续抱怨这个问题，这将导致所有人的生产力下降。在聊天机器人中，所有内容都是基于API的，因此你只需在后端修复问题，再在生产环境（PRODUCTION）中部署更改，就可以毫无烦恼地帮助用户解决问题。还可以节省处理用户上报缺陷的大量时间。

想象一下，你搭建了一个机器人来查找餐馆，之后想要添加搜索酒店、航班等功能。用户只需轻松地对这些信息发出请求，后端聊天机器人系统将处理所有事情。

假设你正在搭建一个Facebook Messenger聊天机器人，可以直接从后端控制几乎所有内容，包括用户看到的应用程序界面。在Facebook Messenger机器人中，你可以选择用户是通过单击按钮来表达"是/否"，还是通过输入简单文本来完成。

市场需求

全球有54%的开发人员在2016年首次使用聊天机器人。出于对搭建适用于公司的简单聊天机器人的巨大需求，这些公司正在寻找可以为他们搭建机器人的开发人员。一旦完成了本书的第3章，我打赌你可以轻松地开始向公司出售你的服务，还可以通过为你的专业领域引入聊天机器人进行创业。能够建立一个端到端的聊天机器人是一项新技能，这也是聊天机器人开发人员平均市场薪酬都非常高的原因。

对聊天机器人需求的日益增长，可以从Facebook等开发平台上开发的聊天机器人的数量中得以验证。Facebook在Messenger平台上每月有100 000个活跃的机器人，而且数字还在不断增加。你会惊讶地发现，Messenger在2015年4月只拥有6亿用户，2016年6月就增长到9亿，2016年7月更增长到10亿，2017年4月则增长到12亿。

学习曲线

无论你是拥有前端/后端开发的背景，还是对编程知之甚少，在搭建或学习搭建聊天机器人时，都有很大的可能性需要去学习新知识。在这个过程中，你将会学习到很多东西。例如，可以了解更多有关人机交互（HCI）的知识，里面讨论了计算机技术的设计和使用，重点关注人与计算机之间的接口，将学习如何构建或使用 API 和网络服务，学习使用如 Google API、Twitter API、Uber API 等第三方 API。还将有很多机会去学习自然语言处理、机器学习、消费者行为以及许多其他技术和非技术性的东西。

受聊天机器人影响的行业

让我们来了解一下从聊天机器人中获益最多的行业。Mindbowser 与 Chatbots Journal 联合进行的一项研究收集了 300 多名用户的数据，这些用户来自包括在线零售、航空、物流、供应链、电子商务、酒店、教育、技术、制造业和广告营销在内的众多行业。如图 1-5 所示，很明显可以看出，电子商务、保险、医疗保健和零售业是从聊天机器人中获益最多的几个行业。以上行业很大程度上依赖客户关怀团队的高效工作方式来减少客户等待时间。鉴于这正是聊天机器人擅长的地方，所以它很快就能在这些行业中表现非凡。

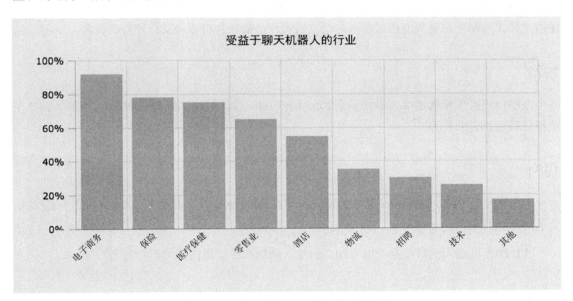

图 1-5　从聊天机器人中获益最多的行业

现在，聊天机器人仍通过不同的形式对新兴行业产生作用。接下来的 5~10 年对聊天机器人的发展至关重要，聊天机器人需要在之前没有与其合作经验的不同行业中传播影响。

聊天机器人的发展历程

让我们来看看聊天机器人的简要发展历程。知道聊天机器人技术是从哪里来的以及是如何形成的，是很重要的一件事情。最近一段时间聊天机器人变得很受欢迎，但事实上这项技术已经发展了几十年。聊天机器人的历史一定会让你感到惊讶，特别是在了解到它从一开始到现在到底经历了多少改变之后。

1950

图灵测试是由 Alan Turing 开创的。它用于测试机器是否有能力表现出与人类相当或无法区分的智能。

1966

Eliza，第一个聊天机器人，是由 Joseph Weizenbaum 创建的，它被设计成一个治疗师。它使用"模式匹配"和替代方法来模拟对话，给用户造成一种机器能部分理解的假象。

1972

由精神病医生和斯坦福大学科学家 Kenneth Colby 设计的计算机程序 Parry，模拟了偏执型精神分裂症患者的行为。

1981

英国程序员 Rollo Carpenter 创建的聊天机器人 Jabberwocky，开始于 1981 年，并于 1997 年登录到互联网上。

这款聊天机器人的目的是"以有趣、愉快、幽默的方式模拟正常用户对话"。

1985

无线机器人玩具，聊天机器人 Tomy，会不断重复播放录制在磁带上的消息。

1992

Dr. Sbaitso 是一款由 Creative Labs 创建并运行在 MS-DOS 系统上的聊天机器人，假装成心理学家用数字化的声音和用户进行"交谈"。用户重复脏话和不合语法的句子会导致 Dr. Sbaitso 因"奇偶检验误差（PARITY ERROR）"发生"系统崩溃（break down）"，直到它被重置。

1995

A.L.I.C.E（Artificial Linguistic Internet Computer Entity，人工语言互联网计算机实体）被诺贝尔奖获得者理查德·华莱士（Richard Wallace）开发出来。

1996

Jason Hutchens 基于 Eliza 开发出 Hex，并获得了罗布纳奖（Loebner Prize）。

2001

Smarterchild，一款由 ActiveBuddy 开发的智能机器人，在全球的即时信息和 SMS 网络中都得到广泛的使用。从最开始的实现版本，快速发展到能即时访问新闻、天气、股票信息、电影网站、黄页列表和详细的体育数据，以及具备各种工具（个人助理、计算器、翻译等）的能力。

2006

创建智能机器人 Watson 的想法是从一张餐桌上产生的。它被设计去参加电视节目"Jeopardy"的竞赛。在第一次竞赛的时候，它只能答对 15% 的题目。但之后 Watson 就经常击败人类选手。

2010

Siri，智能个人助理，开始时是作为 iPhone 的一款应用程序出现的，后来被集成到 iOS 系统中。Siri 是 SRI 国际人工智能中心的衍生产品。它的语音识别引擎由 Nuance Communications 提供，并使用了先进的机器学习技术。

2012

谷歌发布了聊天机器人 Google Now。最开始它是以 Majel Barrett 的"Majel"作为代号,Majel Barrett 是 Gene Roddenberry(美国编剧、制片人、导演、演员,主要作品有《星际迷航》系列)的妻子,给《星际迷航》的计算机系统提供配音。它同时还有另一个代号"assistant"。

2014

亚马逊发布了 Alexa。"Alexa"这个单词有 X 这个硬辅音,因此可以被更精确地识别到。这就是亚马逊选择这个名字的主要原因。

2015

Cortana,是一款由微软创建的虚拟助手。Cortana 可以设置提醒、识别自然声音以及使用 Bing 搜索引擎中的信息来回答问题。它是以 *Halo* 系列电子游戏中虚构的人工智能角色命名的。

2016

2016 年 4 月,Facebook 对外宣布了一个为 Messenger 打造的机器人平台,包括用于聊天机器人与用户进行交互的多个 API。平台后来还做了一些升级,包括机器人能加入小组、提供屏幕预览、通过 Messenger 的摄像头识别二维码直接发起聊天机器人交互的能力。

2016 年 5 月,谷歌在他们的开发者大会上公布了一款和 Amazon Echo 存在竞争关系的、同样支持语音操作的产品 Google Home。它允许用户通过说出语音指令的方式与各种服务进行交互。

2017

Woebot 是一款自动化的对话代理程序,它可以帮助你监控情绪、了解自我,从而让你感觉变得更好。Woebot 结合了自然语言处理(NLP)技术、心理学专业知识(**Cognitive-behavioral therapy** [CBT],认识行为治疗)、优秀的文案和幽默感来治愈抑郁症。

我可以用聊天机器人解决什么样的问题

当你不知道机器人的能力范围或者不想把它限制在只能回答问题时,这个问题变得很有挑战性。

请记住聊天机器人的功能是有限的,这一点非常重要。我们总是觉得我们在和一个非常聪明的人交谈,但其实特定的机器人都是被设计和训练成以特定的方式来解决特定问题的。它不能解决所有的事情,至少现在是这样。当然,未来绝对是光明的。

所以,我们来讨论一下,看看你的问题陈述是否已经足够完善,是不是可以围绕这些问题来搭建一个聊天机器人。

如果以下三个问题的答案都是肯定的,那么就可以开始搭建机器人了。

这个问题能通过简单的问答或来回交流解决吗

在解决任何没有接触过的新问题时,不要试图成为英雄(觉得自己无所不能)是非常重要的。你应该始终着眼于限制问题的范围。构建基本功能,然后在此基础上进行添加。不要试图在刚开始的时候就把问题过度复杂化。这样在软件设计中是行不通的。

想象一下,如果 Mark Zuckerberg 在刚开始建立 Facebook 时,就考虑过多并花了大量时间试图实现 Facebook 的所有特性。为朋友添加标签、使用"赞"按钮、点赞用户评论、更好的通信、实时视频、评论互动等——即使在 Facebook 拥有超过 100 万注册用户时,这些功能也都还不存在。如果他在一开始创建这个平台的时候就试图完成所有这些功能,还能取得成功吗?

因此,我们应该只尝试创建当前需要的特性,而不必过度设计。

现在,回到第一个问题,"这个问题能通过简单的问答或来回交流来解决吗?"

你只需要保证试图解决的问题是有一定边界的,那么答案会是肯定的。这不是说我们不去解决那些复杂的问题,而是让自己一次只解决一个复杂问题。

> "必须使每一个细节都完美。也必须限制细节的数量。"
>
> ——Jack Dorsey

这个工作是否有高度重复性,需要进行数据收集和分析

这个问题相当重要,因为不管是从商业视角还是开发者视角,聊天机器人所做的和要做的

就是让人们高效地使用它。那么怎么实现这个目标呢？通过避免用户自己做重复性的事情。

聊天机器人显然更适用于自动化完成一些高度重复的任务，但你会发现大部分聊天机器人尝试解决的主要问题都是一致的，无论是通过监督学习（阅读"通过监督学习"）还是自学习（阅读"通过无监督学习"）的方式。

你的机器人的任务可以自动化和固定化吗

除非只是为了学习目的想搭建一个聊天机器人，否则你应该确保试图解决的问题能够自动化。机器已经开始尝试通过自学习完成任务了，但现在仍然处于非常初级的阶段。你现在认为不能自动化的事情可能几年后就可以实现自动化了。

一个 QnA 机器人

搭建聊天机器人的一个很好例子就是 QnA（Question and Answer，问答）机器人。想象一下，一个机器人被训练来理解用户各种各样的问题，而这些问题的答案都可以在一个网站的 FAQ（Frequently Asked Question，常见问题）页面找到。

如果你想往前翻一翻，试图找到之前提到的三个问题的答案，当然没有问题。

参考图 1-6，你会理解一个 FAQ 机器人是怎么工作的。

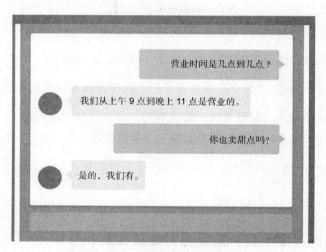

图 1-6　FAQ 聊天机器人例子

这些都是客户在特定的商店经常会问到的问题，他们也可以在商店的网站上搜索到相关的答案。

想象一下有一个这样的机器人，并且它能在几秒钟内像人类一样回答你的问题，甚至会比你想象的做得更好。这还只是聊天机器人能实现功能里的很小一部分。

现在，让我们尝试分析上述三个问题，以及找到在 QnA 机器人案例中对应的答案。

- 这个问题能通过简单的问答或来回交流解决吗？

  是的。FAQ 指的就是会被频繁问到的问题以及对应的答案。可能存在基于上下文的 FAQ，但除非是在用聊天机器人解决多领域问题，否则不需要考虑到这一点。也可能存在内容很相似的多个问题，但是你可以让机器人在不能确定的时候向用户进行提问。

- 这是否有高度重复性的工作，需要进行数据收集和分析？

  是的。FAQ 需要我们从数据库中获取数据并将它们全部展示到网站上，或者也可以用动态的方式进行展示。但是用户需要逐个浏览所有的问题，直到找到他关心的那一个，然后再查看对应的答案。这种方式需要大量的 UI 界面交互，然后用户才能得到他/她想要的答案……也可能还找不到答案。为什么不让机器人帮我们完成这些工作？

- 机器人的任务可以自动化和固定化吗？

  是的。一个 FAQ 机器人需要获得问题、分析问题，以及从数据库获取信息最后反馈给用户。这个过程中没有不能通过代码实现的功能。并且，这个过程基本是固定的，不会经常发生改变。

从聊天机器人开始

在搭建聊天机器人之前，有三个应该遵循的步骤。下面对这些步骤进行简要的说明。

1. 预先设想好所有希望聊天机器人可以处理的场景或任务，然后收集为了完成这些任务可能会被问到的各种问题。每一个希望聊天机器人可以完成的任务，都被定义为一个**意图**（**intent**）。

2. 每一个列出来的问题，或者说每一个意图，都可以有多种多样的表现形式。这取决于用户怎么将它们表达出来。

例如：Alexa，关灯。Alexa，可以麻烦你关一下灯吗？你可以帮忙关灯吗？用户可能使用上述任意一种表达方式来要求机器人关灯。这些都表达了同样的意图，但是具体的句子不一样，可以有不同的变化。

3. 当识别出用户意图后，把所有的逻辑都考虑清楚，保证把用户限定在设计的流程中。

   例如，假设你正在搭建一个用于预约医生的机器人。你首先会让用户提供电话号码、姓名以及专科医师，然后你会把这些信息展示出来并进行预约。

在这个例子里，你可以要求用户了解整个流程，而不需要让机器人来理解所有的内容，比如处理耳朵问题的科室是 ENT（耳鼻喉科）。然而，知道这些信息其实也并不困难。所以，正如之前提到的，需要确定机器人的处理边界，这依赖于你搭建应用所拥有的时间和资源。

聊天机器人中的决策树

如果你了解决策树（decision trees），那就太好了，因为在设计聊天机器人流程的时候需要经常用到这些知识。但如果之前没有接触过，那么不妨上网搜索一下，对这个被广泛应用在计算机科学领域里的简单概念进行学习。

在聊天机器人中使用决策树

在聊天机器人中，决策树会用来帮助我们找到用户问题的准确答案。

> 决策树是一个决策支持工具，由树状决策图或决策模型以及可能的结果（包括随机事件结果、资源成本、效用）组成。它可用于展示只包含条件控制语句的算法。
>
> ——维基百科

在搭建聊天机器人时，最困难的部分是跟踪 if…else 代码块。决策数量越多，代码中出现 if…else 的频率就越高。与此同时，这些代码块也会用来对复杂的会话流进行编码。如果现实问题很复杂，需要用到很多的 if…else，那么这也会给代码编写带来挑战。

决策树如何起到作用

决策树的编写和理解都不难，它是对问题解决方案的一种强有力的表达方式。它拥有一种独特的能力来帮助我们理清很多事情。

- 帮助我们全面了解手头的问题。查看决策树，我们可以很容易地认识到缺少了哪些模块以及哪些模块需要被调整。
- 帮忙快速定位问题。决策树就像是一本简短的圣经，或者说是软件需求文档的可视化表示，开发者、产品经理或相关领导都可以对照它来说明预期会发生的行为，或者根据需要对它进行调整。
- 人工智能还没有达到经过大量数据的训练后能以 100%准确度运行的阶段。它仍然需要手工制定大量的业务逻辑和规则。当要求机器自主学习并完成任务有难度的时候，决策树能起到很好的作用。

让我们通过一个简单的例子，试着理解决策树将如何帮助我们搭建聊天机器人。查看下面的聊天机器人示例图，它从问用户是想要购买 T 恤还是牛仔裤开始，并且根据用户输入，通过询问更多问题的方式进一步提供与产品相关的一些选项。你不需要创建一个完整的决策树，但在开始搭建聊天机器人前，应该在每个步骤中都定义好一系列相关的问题。

假设你在搭建一个类似的聊天机器人，用于帮助人们在线购买服装。你要做的第一件事情就是创建一个类似的决策树或流程图，让聊天机器人在合适的时候询问适当的问题。这需要设计好每个步骤的处理范围，以及每个步骤需要完成的事情。当你实际开始第一个聊天机器人的编码时，就会需要参考状态图或者简单的流程图。记住，在创建如图 1-7 所示的图表时，请不要过于严格要求；尽可能简单，然后再添加扩展功能。这样的好处是开发时间将被缩短，稍后添加的功能将变得松耦合，并且会成为真正意义上的组件。像在上面的例子中，在创建完基本的功能后，还可以添加颜色选项、价格范围、评分要求和折扣选项等。

根据需求，你肯定可以给上述用例添加更多的内容。但必须确保这不会变得太过复杂，不管是对你自己还是对用户而言。

决策树不仅可以帮你把用户限定在设计的流程中，也可以通过用户的问题高效地识别下一个可能出现的意图。

因此，根据你创建的决策树，你的机器人会询问一系列相关的问题。借助聊天机器人的意图设计，每个节点可以不断缩小用户的目标范围。

假设你正在为一家金融机构搭建聊天机器人，例如一家银行，它可以根据你的请求在验证后进行汇款。在这个例子中，你的机器人可能首先要验证账户详细信息并要求用户确认金额，然后可能要求确认目标账户名、账户号、账户类型等。

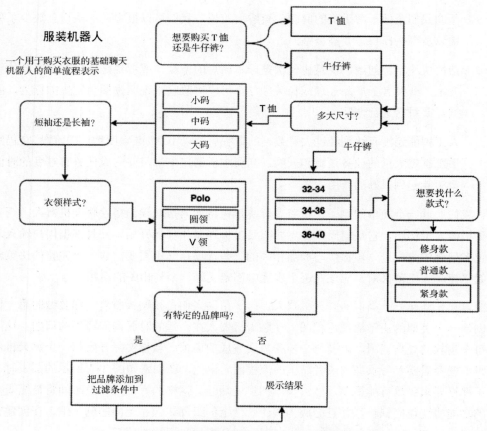

图 1-7 一个简单的用于在线购买衣服的服装机器人示例

除非已经确认账户余额超过请求的金额，否则你不能或根本不想调用 OTP（一次性密码）的 API 接口。

这会发生在我们所有人身上，也会发生在客户的身上。当他们的问题没有得到正确的回答时，他们会感到很挫败。相比不使用决策树的情况，使用了决策树的聊天机器人能给用户提供更好的体验。

很多时候，你会遇到一些使用编程方式解决意图的问题。所以，最重要的是，"如果你不能通过编程解决一些问题，那么就用设计解决它"。

让我们来看看图 1-8，机器人正在尝试进行健康问卷调查，想知道安眠药是否一直有效。

图 1-8 通过设计来解决用例的示例

因为预期的答案是一个布尔值（是/否），所以只提供两个按钮让用户点击，而不是让他们自由输入答案再来纠正他们的输入错误。

这是通过设计来解决的，而不需要编写大量的代码来处理用户的非法输入。在搭建聊天机器人的时候，会有大量只需要通过设置按钮就能快速知道用户意图的场景。识别出这些场景，并通过提供按钮的方式解决问题，是非常重要的。这不仅方便了自己，也不需要用户输入一些明显可以罗列出来选项的答案。

最好的聊天机器人/机器人框架

- 网址见链接列表 1.1 条目
  - 可以跟踪你的情绪。
  - 让你感觉变得更好。
  - 通过观察你的情绪来给你提供意见。
  - 教你如何变得积极和精力充沛。
- 网址见链接列表 1.2 条目

- 根据 FAQ、URL 和结构化文档，在几分钟内搭建、训练和发布简单的问答机器人。
- 使用熟悉的聊天界面测试和优化响应。

○ 网址见链接列表 1.3 条目

- 以前被称为 api.ai，在聊天机器人爱好者中广受欢迎。
- 通过由 AI 驱动的语音、文本对话接口，为用户提供与产品互动的新方式。
- 与谷歌助手（Google Assistant）、亚马逊 Alexa、Facebook Messenger 以及其他流行平台和设备上的用户进行连接。
- 分析并理解用户的意图，帮助你做出最有效的用户响应。

○ 网址见链接列表 1.4 条目

- 一个用于构建会话软件的框架。
- 可以用 Python 代码实现机器人的动作。
- 相比一大堆的 if…else 语句，机器人的逻辑是基于由示例对话训练得到的概率模型的。

○ 网址见链接列表 1.5 条目

- Wit.ai 使得开发人员可以轻松地构建可进行语音或文本交互的应用和设备。
- wit.ai 团队在推出 21 个月后被 Facebook 收购，并在搭建 Facebook 自己的 NLP 引擎中做出了贡献。
- 可以使用 wit.ai 来搭建聊天机器人、家居自动化等。
- Wit.ai 类似 Dialogflow 的工作方式，但不像 Dialogflow 那样功能丰富。用户最初之所以使用 wit.ai，是因为它是免费的，而 Dialogflow 是收费的，但后来 Dialogflow 也变成免费的了。

○ 网址见链接列表 1.6 条目

- 一个基于机器学习的服务，可将自然语言交互能力用于 App、机器人和 Iot 设备。
- 快速创建可持续改进的企业级自定义模型。

○ 网址见链接列表 1.7 条目

- 可视化的对话构建器。
- 内置统计信息和指标。
- 可以很方便地集成到 Facebook、Microsoft、IBM Watson、Slack、Telegram 等平台。

聊天机器人组件和使用的相关术语

聊天机器人的系统组件非常少。在本节，我们将简要介绍在后面章节中会遇到的聊天机器人组件。

对任何系统来说，在深入了解之前掌握它的基本理论知识都是非常有用的。在学习完本节后，你应该能对用 Python 搭建聊天机器人时使用的技术术语有一个大致的了解。当真正开始搭建聊天机器人时，这些术语将在后续的章节中频繁被使用到。

意图（Intent）

当一个用户和聊天机器人进行交互时，他使用聊天机器人的意图是什么/他想要的是什么？

例如，当用户跟聊天机器人说"订一张电影票"，我们人类可以理解用户想要预订电影票。这也是传达给机器人的意图。它可以被命名为"订电影票（book_movie）"意图。

另一个例子是，用户说的"我想要订餐"或者"你可以帮我订餐吗"这些语句，可以被命名为"订餐（order_food）"意图。同样，你可以根据需要定义任何的意图。

实体（Entities）

意图拥有命名为"实体（Entities）"的元数据。例如对于"订一张电影票"，意图可以是订票，而实体是"电影"，同时实体也可以是其他的东西，比如航班、音乐会等。

你可以在意图中标记想要的通用实体。实体可以是数量、次数或者体积。意图也可以有多个实体。

例如：给我定一个 8 码的鞋子。

这里可能有两个实体：

类目：鞋子

大小：8

话术（Utterances）

话术只不过是同一问题/意图的不同表达形式。

- 还记得我们讨论过的关灯意图吗？这就是用户用不同的话术来表达同一意图的例子。
- 建议每个意图最好配备 10 个话术，最少 5 个，但这不严格限制。

训练机器人

训练本质上意味着构建一个模型，这个模型会基于一组预先定义好的意图/实体的话术进行学习，再对新的话术进行分类以及提供一个置信度分数。

当我们使用这些话术训练系统时，这被称为监督学习。我们很快就会从实践中了解更多。

置信度得分

每次试图发现一个话术可能属于什么意图时，模型都会得出一个置信度分数。这个分数表示机器学习模型对识别出用户意图的信心。

以上就是我们想要在第 1 章介绍的全部内容。你必须从商业视角和技术视角对聊天机器人有一个清晰的认知。我们对聊天机器人的历史进行过梳理,聊天机器人的进化程度非常吸引人。

我们了解了聊天机器人在一段时间内是怎么发展进化的，以及为什么聊天机器人是企业在这场残酷的竞争中成长的必要条件；学习了不同的聊天机器人框架，并且通过一些具体的例子掌握了聊天机器人中使用的术语。在接下来的章节中将使用到它们。现在你应该已经知道你想要搭建什么样的聊天机器人，以及搭建好后它的表现是什么样的。

如果需要的话,准备好所有的文档和决策树。在下一章学习了自然语言处理的基本知识后，我们可以快速开始搭建聊天机器人。

即使你现在还没有任何想法也不要担心。我们会用在之后的章节中学习到的所有知识来尝试搭建一个很酷的聊天机器人。

下一章见。

第 2 章 聊天机器人中的自然语言处理

本章将介绍如何使用 Python 进行自然语言处理（Natural Language Processing，NLP），这是搭建聊天机器人时需要用到的知识。基于强大的开源库 spaCy，你将学习到自然语言处理的基本方法和技术。即使是 Python 生态的初学者，或者接触时间不久，也不需要担心，因为你将学习到聊天机器人中自然语言处理所需要的每一步。本章不仅会介绍自然语言处理的方法，还会通过现实生活中的例子展示怎么进行编码实现。我们还将讨论为什么在搭建聊天机器人时需要用到自然语言处理技术。请注意，自然语言处理本身也是一项重要的技能。

我们将详细地介绍词性标注（POS tagging）、词干提取（stemming）、实体检测（entity detection）、停用词（stopwords）、依存句法分析（dependency parsing）和名词短语提取（noun chunks）以及词语间的相似度计算。在搭建聊天机器人解决问题的时候，这些方法都很有用。

自然语言处理的方法远不止本章介绍到的这些。根据搭建聊天机器人时的需求，可以试着去学习更多的自然语言处理方法。在本章末尾，我们将学习使用 SpaCy 库，这也会让你对自然语言处理有更深的认识和理解。所以，让我们开始吧，在下一节中首先尝试理解在聊天机器人中使用到的自然语言处理知识。

为什么我需要自然语言处理知识来搭建聊天机器人

要理解这个问题的答案，首先要了解自然语言处理（NLP）到底是什么。

自然语言处理（NLP）属于人工智能的领域，使计算机能够分析和理解人类的语言。

现在，为了执行自然语言处理（NLP），或者说自然语言理解（Natural Language Understanding，NLU），接下来需要讨论很多方法。这里提到了一个新术语：**自然语言理解**

（NLU），这到底是什么呢？

简单地说，自然语言理解（NLU）是自然语言处理（NLP）领域的一个子集，就像机器学习、深度学习、自然语言处理和数据挖掘都是人工智能（AI）领域的子集。人工智能（AI）涵盖了一切可以智能解决问题的计算机程序。

一个好的经验法则是使用术语自然语言理解（NLU）来表示机器理解人类语言的能力。

现在，关于在搭建聊天机器人时是否真的需要了解自然语言处理的相关知识，答案既是肯定的也是否定的。感到困惑吗？你没看错，即使你不了解自然语言处理的方法和技术，也可以搭建聊天机器人，不过机器人的功能相当有限。你将无法在保持代码整洁的同时扩展应用程序的功能。当我们不满足于用聊天机器人实现最基础的功能时，自然语言处理可以给它插上飞翔的翅膀。

对于普通人而言，聊天机器人不过是一种与位于另一端的智能机器进行通信的方式。这台机器可以是基于语音的，也可以是基于文本的，用户可以用他们自己的语言进行输入，这在计算机科学中通常被称为自然语言。

我们知道这里并没有魔法的黑匣子，一切也都可以正常运行。我们也应该知道在人工智能（AI）里没有任何人工的部分；它实际上是由伟大的程序员编写的、在后台运行的机器学习和深度学习算法。机器还没有达到可以像人类一样思考并拥有自主智能的阶段。对于如今的人工智能系统，其行动以及行为模式，是由我们怎么训练其所决定的。

因此，为了理解用户的自然语言，不管具体是什么语种，或者具体是什么输入方式（文本、语音、图像等），我们需要编写算法和使用自然语言处理的技术。自然语言处理被认为是聊天机器人的大脑，它会处理原始数据，进行数据的再加工、清洗，然后准备执行合适的动作。

自然语言处理本身是个非常大的课题，需要时间和毅力才能掌握透彻，但对聊天机器人开发者而言仅需掌握部分必要知识，我们将在本章学习到这些知识。

spaCy 是什么

spaCy 是由 Matthew Honnibal 创建的一个高级自然语言处理开源软件库，使用 Python 和 Cyhton 语言编写。它提供了直观的 API 来访问由深度学习模型训练所得的方法。

spaCy 拥有世界上最快的语法分析器。根据 spaCy 的官方文档，他们取得了一些惊人的基准测试结果，如下所示。

spaCy 的基准测试结果

2015 年两篇经过同行评审的论文证实，spaCy 拥有世界上最快的语法分析器，并且它的准确率排名位列现有最佳语法分析器前 1%。少数能取得更高准确率的系统，运行速度慢了 20 倍不止。让我们来看看图 2-1，里面展示了 spaCy 的基准测试结果，并将 spaCy 与其他软件库在速度和准确率上进行了比较。

系统	年份	语言	准确率	速度（wps，字数/秒）
spaCy v2.x	2017	Python / Cython	92.6	n/a
spaCy v1.x	2015	Python / Cython	91.8	13,963
ClearNLP	2015	Java	91.7	10,271
CoreNLP	2015	Java	89.6	8,602
MATE	2015	Java	92.5	550
Turbo	2015	C++	92.4	349

图 2-1　spaCy 基准测试结果

spaCy 还为多种语言（如英语、德语、西班牙语、葡萄牙语、法语、意大利语、荷兰语）提供了统计神经网络模型，以及多语言的命名实体识别（NER）。它还为各种其他语言提供了分词（tokenization）的能力。上述图表展示了由 Choi 等人提供的基准测试速度。由于在不同的硬件上比较速度是不公平的，所以上表中没有提供 spaCy v2.x 的速度值。

spaCy 提供了什么能力

spaCy 声称提供了三个最基本也是极其有用的东西。让我们看看到底是什么，以及尝试理解为什么人们在涉及自然语言处理时都把 spaCy 作为首选模块。

世界上最快的库

spaCy 在提取大规模信息时表现相当优秀。开发者在 Cython 库的帮助下从头开始对它进行编写，并且极其关注内存消耗情况。

Get Things Done（完成任务）

spaCy 是根据"Get Things Done"（完成任务）的理念进行设计的。它能帮助我们处理好现实生活中的自然语言处理应用场景。清晰的文档为开发人员和计算语言学爱好者节省了大量时间，提高了他们的工作效率。其安装极其容易，就像安装任何其他 Python 包一样。

深度学习

spaCy 是开源社区中使用深度学习算法处理文本的最好的库之一。它可以和 TensorFlow、PyTorch、scikit-learn、Gensim 以及其他 Python 相关的技术无缝协作。深度学习开发人员可以轻松地为一系列自然语言处理和自然语言理解问题构建复杂的语言统计模型。

spaCy 的特性

没有任何一个自然语言处理库能像 spaCy 这样提供如此广泛的 API 来完成几乎所有任务，这正是 spaCy 的优势所在。这个库最好的地方在于它还在不断发展并变得越来越好用。让我们先来看看官方网站上提到的 spaCy 特性（网址见链接列表 2.1 条目）。

- 非破坏性分词
- 命名实体识别
- 支持超过 28 种语言
- 支持 8 种语言的 13 个统计模型
- 预训练的词向量
- 轻松进行深度学习的集成
- 词性标注
- 带标签的依存句法分析

- 句法驱动的句子分割
- 内置的句法和命名实体可视化工具
- 便捷的字符串到哈希的映射
- 可导出 numpy 数组
- 高效的二进制序列化
- 简单的模型打包以及部署
- 领先的处理速度
- 健壮的经过严格评估的准确率

现在，让我们深入研究这个基于 Python 语言的强大自然语言处理模块：spaCy。

安装和前置条件

在实际开始深入讨论 spaCy 和代码片段前，请确保在你的操作系统上安装了 Python。如果没有，请参考（网址见链接列表 2.2 条目）。

可以使用任何熟悉的 Python 版本。现在大多数的系统都预安装了 2.7.x 版本的 Python。在本章中我们会使用 Python 3，所以，如果你也希望使用 Python 3，就请从网站 https://www.python.org/downloads/ 下载 Python 3 并将它安装到操作系统上。如果已经安装了 Python 2，也可以使用这个版本的 Python；你可能需要稍微修改一下下面的代码，也可能根本不需要改动。

我们会通过 pip（网址见链接列表 2.3 条目）来安装 spaCy。

我们将构建一个虚拟环境（virtual environment）（网址见链接列表 2.4 条目）并将 spaCy 安装到用户目录中。

如果使用的是 macOS/OSX/Linux 系统，则执行以下步骤：

```
Step 1 (步骤 1): python3 -m pip install -U virtualenv
Step 2 (步骤 2): virtualenv venv -p /usr/local/bin/python3 #Make sure you use your
                 own OS path for python 3 executable.
Step 3 (步骤 3): source venv/bin/activate
Step 4 (步骤 4): pip3 install -U spacy # We'll be using spaCy version 2.0.11.
```

最后一步可能需要执行一段时间，所以请耐心等待。

如果使用的是 Windows 系统，只需将步骤 3 更改为下面的代码。

```
venv\Scripts\activate
```

现在，我们将在步骤 3 中已经启动了的虚拟环境中安装 *Jupyter Notebook*。使用 *Jupyter Notebook* 比使用标准的 Python 解释器更容易，也更高效。在接下来的章节中我们都将在 Jupyter Notebook 上执行所有的代码片段。

要安装 Jupyter Notebook，请运行以下 pip 命令：

```
pip3 install jupyter
```

将会在你的系统中安装 Jupyter Notebook。

此时你应该已经在你的虚拟环境中安装了 spaCy 和 Jupyter Notebook。下面来验证一下是否已安装成功。

1. 切换到命令行界面并输入以下内容，应该会看到服务器正在启动，同时默认浏览器会打开一个 URL 链接。

   ```
   $ jupyter notebook
   ```

   默认的 URL 地址见链接列表 2.5 条目，页面应该和图 2-2 类似。

2. 如图 2-2 所示，单击 New（新建）按钮，然后选择 Python 3。它会在当前的浏览器上打开一个新页面，并创建一个新的笔记本页面，可以在这里编写 Python 代码。可以执行任意 Pytho 代码、导入库、打印图表和输入公式等。

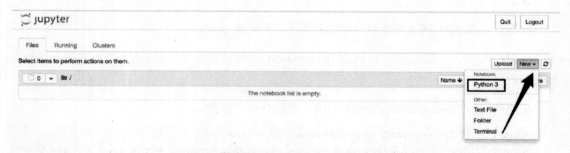

图 2-2　Jupyter Notebook 界面

3. 输入"import spacy",并通过单击"Run(运行)"按钮或按下〔Shift + Enter〕组合键执行。执行效果应该如图 2-3 所示。

图 2-3　验证 spaCy 安装

如果没有抛出任何错误信息,那么你已经成功在系统上安装了 spaCy。你应该看看安装的 spaCy 版本。如果想安装同一版本的 spaCy,那么可以在用 pip 安装 spaCy 的时候指定版本号:

```
pip3 install -U spacy==2.0.11
```

spaCy 模型是什么

spaCy 模型与其他的机器学习或深度模型一样。模型是算法的产物,或者说是机器学习算法对训练数据进行处理后创建的对象。spaCy 有很多这样的模型,它们可以直接应用在我们的程序中,只需要像下载其他 Python 包一样来下载这些模型。

现在,我们将以安装 Python 包的方式来安装 spaCy 的模型。

为此,利用 notebook 的魔术命令(magic command)执行以下命令。通过在 shell 命令前添加前缀!(感叹号),就可以在 Jupyter Notebooks 上执行 shell 命令了。来看看具体是怎么执行的:

```
!python3 -m spacy download en
```

使用 Jupyter Notebook 下载 Python 3 的 spaCy 模型时,可能会遇到权限问题。转到终端并运行以下命令:

```
sudo python3 -m download en
```

可以参考图 2-4。

```
Sumit:Chapter II geospark-device-3$ sudo python3 -m spacy download en
Password:
Collecting https://github.com/explosion/spacy-models/releases/download/en_core_web_sm-2.0.0/e
  Downloading https://github.com/explosion/spacy-models/releases/download/en_core_web_sm-2.
    100% |████████████████████████████████| 37.4MB 59.0MB/s
Requirement already satisfied (use --upgrade to upgrade): en-core-web-sm==2.0.0 from https:/
eb_sm-2.0.0/en_core_web_sm-2.0.0.tar.gz in /usr/local/lib/python3.6/site-packages
You are using pip version 10.0.1, however version 18.0 is available.
You should consider upgrading via the 'pip install --upgrade pip' command.

    Linking successful
    /usr/local/lib/python3.6/site-packages/en_core_web_sm -->
    /usr/local/lib/python3.6/site-packages/spacy/data/en

    You can now load the model via spacy.load('en')
```

图 2-4　下载 spaCy 模型

正如在图 2-4 看到的，spaCy 尝试下载一些核心文件并以 Python 包的方式安装它们。

注意：！【感叹号】只在 Jupyter Notebook 中生效。直接在终端上安装 spaCy 模型时，需要把！【感叹号】去掉；否则会出错。

搭建聊天机器人所使用的自然语言处理基本方法

精通基础知识并成为某一领域的专家，有效且高效地完成任务，是很重要的事情。为了搭建聊天机器人，我们需要了解自然语言处理的基本方法。这些方法可以帮助我们将输入分解细化并理解其中的意思。在下一节中，我们将学习一些最常用的自然语言处理方法，这些方法不仅能帮你更好地了解自然语言处理的相关知识，也能帮你搭建很酷的聊天机器人。我们越能高效地处理输入文本，就越能更好地响应用户。

词性标注

词性标注（Part-of-Speech Tagging，POS Tagging）是指这样的一个过程，读取一段文本并给每一个单词或者短语分配词性，例如名词（noun）、动词（verb）、形容词（adjective）等。

当你想要在给定的句子中识别某个实体时，词性标注就尤为重要。第一步要做的就是进行词性标注，看看我们的文本中包含了哪些内容。

让我们来尝试处理一些实际应用中词性标注的例子。

示例 1：

```
nlp = spacy.load('en') #Loads the spacy en model into a python object
doc = nlp(u'I am learning how to build chatbots') #Creates a doc object
for token in doc:
    print(token.text, token.pos_) #prints the text and POS
```

输出：

```
('I', 'PRON')
('am', 'VERB')
('learning', 'VERB')
('how', 'ADV')
('to', 'PART')
('build', 'VERB')
('chatbots', 'NOUN')
```

示例 2：

```
doc = nlp(u'I am going to London next week for a meeting.')
for token in doc:
    print(token.text, token.pos_)
```

输出：

```
('I', 'PRON')
('am', 'VERB')
('going', 'VERB')
('to', 'ADP')
('London', 'PROPN')
('next', 'ADJ')
('week', 'NOUN')
('for', 'ADP')
('a', 'DET')
('meeting', 'NOUN')
('.', 'PUNCT')
```

当我们把从 *nlp* 方法返回的 *Doc* 对象打印出来时，正如我们所看到的，就已经获得了句子中每个词的 POS 标注，*Doc* 对象其实是一个用于获得注解的容器。

这些标签是单词的属性，用来表示这些单词在语法正确的句子里起到的作用。可以将这些标签作为单词的特征，用于信息过滤等。

再看下一个例子，继续探索 *Doc* 对象中各元素的不同属性。

示例 3：

```
doc = nlp(u'Google release "Move Mirror" AI experiment that matches your
pose from 80,000 images')

for token in doc:
    print(token.text, token.lemma_, token.pos_, token.tag_, token.dep_,
          token.shape_, token.is_alpha, token.is_stop)
```

输出：

Text	Lemma	POS	Tag	Dep	Shape	Alpha	Stop
Google	google	PROPN	NNP	compound	Xxxxx	True	False
Release	release	NOUN	NN	nmod	xxxx	True	False
"	"	PUNCT	``	punct	"	False	False
Move	move	PROPN	NNP	nmod	Xxxx	True	False
Mirror	mirror	PROPN	NNP	nmod	Xxxxx	True	False
"	"	PUNCT	"	punct	"	False	False
AI	ai	PROPN	NNP	compound	XX	True	False
Experiment	experiment	NOUN	NN	ROT	xxxx	True	False
That	that	ADJ	WDT	nsubj	xxxx	True	True
Matches	match	VERB	VBZ	relcl	xxxx	True	False
Your	-PRON-	ADJ	PRP$	poss	xxxx	True	True
Pose	pose	NOUN	NN	dobj	xxxx	True	False
From	from	ADP	IN	prep	xxxx	True	True
80,000	80,000	NUM	CD	nummod	dd,ddd	False	False
Images	image	NOUN	NNS	pobj	xxxx	True	False

示例 4：

```
doc = nlp(u'I am learning how to build chatbots')
for token in doc:
print(token.text, token.lemma_, token.pos_, token.tag_, token.dep_,
    token.shape_, token.is_alpha, token.is_stop)
```

输出：

TEXT	LEMMA	POS	TAG	DEP	SHAPE	ALPHA	STOP
I	-PRON-	PRON	PRP	nsubj	X	True	False
am	be	VERB	VBP	aux	xx	True	True
learning	learn	VERB	VBG	ROT	xxxx	True	False
how	how	ADV	WRB	advmod	xxx	True	True
to	to	PART	TO	aux	xx	True	True
build	build	VERB	VB	xcomp	xxxx	True	False
chatbots	chatbot	NOUN	NNS	dobj	xxxx	True	False

请参阅下表，了解在代码中打印出的每个属性的含义。

TEXT	实际被处理的文本或单词
LEMMA	被处理单词的根词（删除所有词后缀之后的单词形式）
POS	单词的词性
TAG	它们也表达了词性的信息（例如，动词），以及一些语法信息（例如，动词的过去式）
DEP	句法依存关系（例如，这些单词间的关系）
SHAPE	单词的形式（例如，大写、标点符号、数字格式）
ALPHA	是否是字母
Stop	这个单词是否是停用词，或者是停用词列表的一部分

可以参考下表了解每个 POS 属性值的具体含义。这个列表详细介绍了 spaCy 模型的词性标签。

POS	描述	示例
ADJ	adjective	*big, old, green, incomprehensible, first*
ADP	adposition	*in, to, during*
ADV	adverb	*very, tomorrow, down, where, there*
AUX	auxiliary	*is, has (done), will (do), should (do)*
CONJ	conjunction	*and, or, but*
CCONJ	coordinating conjunction	*and, or, but*
DET	determiner	*a, an, the*
INTJ	interjection	*psst, ouch, bravo, hello*
NOUN	noun	*girl, cat, tree, air, beauty*
NUM	numeral	*1, 2017, one, seventy-seven, IV, MMXIV*

（续表）

POS	描述	示例
PART	Particle	's, not,
PRON	pronoun I,	you, he, she, myself, themselves, somebody
PROPN	proper noun	Mary, John, London, NATO, HBO
PUNCT	punctuation	., (,), ?
SCONJ	subordinating conjunction	if, while, that
SYM	symbol	$, %, §, ., +, −, ×, ÷, =, :), ½
VERB	verb	run, runs, running, eat, ate, eating
X	other	sfpksdpsxmsa
SPACE	space	

那么为什么聊天机器人需要词性标注呢？

答案：为了降低一些无法训练或者训练置信度很低的文本的理解困难程度。通过词性标注，我们可以识别出文本输入的部分内容，并对这些内容进行字符串匹配。例如，如果想要知道句子中是否出现了地址信息，词性标注方法会把地址相关的词标注为 NOUN（名词），因此可以把所有标注为 NOUN（名词）的内容提取出来，并检查它们是否能和你提前准备的地址列表对应上。

词干提取和词性还原

词干提取（Stemming）是指将各种变形词还原到它们的词干，还原成词语的基础形式。

词干提取算法会将单词"saying（现在进行时）"还原成根词"say"，也会将单词"presumably"转化成 "presum"。正如你所看到的，这种转换不一定完全正确（译者注：presum 不是一个正确的单词）。

词性还原（Lemmatization）和词干提取（Stemming）相关性很高，但是词性还原是基于词的实际含义来确定其词元的。

例如，在英语里，动词"to walk"可能表现为"walk"（原型）、"walked"（过去时）、"walks"（第三人称单数）或"walking"（现在进行时）。我们可以在字典中找到基础形式"walk"，称为词的词元（lemma）。由于词性还原被认为具有更高的正确性和效率，spaCy 没有任何内置的词干提取器。

词干提取和词性还原的区别如下：

- **词干提取**以一种更原始、更启发式的方法来完成任务，把词的末尾部分去掉，假设剩下的部分就是实际要查找的单词，但通常也包括移除派生词缀（derivational affix）。
- **词形还原**试图借助字典和词语的语法分析来更优雅地完成工作。使用这种方式时尽量只去除词尾并返回词语在字典中的基础形式，也就是我们说的词元（lemma）。

尽管部分库同时提供了词干提取和词性还原两种方式，但最好的实践方式还是使用词性还原来正确获得根词。

下面通过几个例子来探索词性还原：

示例 1：

```
from spacy.lemmatizer import Lemmatizer
from spacy.lang.en import LEMMA_INDEX, LEMMA_EXC, LEMMA_RULES
lemmatizer = Lemmatizer(LEMMA_INDEX, LEMMA_EXC, LEMMA_RULES)
lemmatizer('chuckles', 'NOUN') # 2nd param is token's part-of-speech tag
```

输出：

```
[u'chuckle']
```

示例 2：

```
lemmatizer('blazing', 'VERB')
```

输出：

```
[u'blaze']
```

示例 3：

```
lemmatizer('fastest', 'ADJ')
```

输出：

```
[u'fast']
```

如果想在词干提取器和词形还原器之间进行比较，那么可以安装一个最流行的 Python 库：自然语言工具包（NLTK）。spaCy 最近很受欢迎，但是 NLTK 使得每个自然语言处理爱好者可以投身于自然语言处理知识的海洋里。

观察以下示例会发现，我们尝试使用了 NLTK 提供的两种词干提取方法。先后使用了 PorterStemmer 和 SnowBallStemmer 尝试提取单词"fastest"的词干。这两种方法都给出了同样的结果——"fastest"。但是当我们使用 spaCy 的词形还原方法时,它给出的答案是"fast",这更有意义,也更加准确。

```
from nltk.stem.porter import *
from nltk.stem.snowball import SnowballStemmer
porter_stemmer = PorterStemmer()
snowball_stemmer = SnowballStemmer("english")
print(porter_stemmer.stem("fastest"))
print(snowball_stemmer.stem("fastest"))
fastest
fastest
```

> 注意:在尝试运行这段代码前,请使用 pip3 安装 nltk 软件包。

既然你已经非常清楚自然语言处理中的词干提取和词形还原分别是什么,那么也应该知道,如果需要获得一个词的根词,则需要对它进行词形还原处理。这在搭建搜索引擎时很常见。即使输入的搜索文本格式不完全正确,谷歌也能在搜索结果中提供你想要的文章,你一定非常好奇它是怎么做到这一点的。

这就用到了词形还原的技术。假设你的搜索文本是"*When will the next season of Game of Thrones be releasing*(下一季的《权力的游戏》会在什么时候播出)?"

现在,假设搜索引擎执行简单的文档词频匹配来为你提供搜索结果。在这个例子中,上述提到的查询可能无法匹配到一篇标题为"*Game of Thrones next season release date*(《权力的游戏》下一季播出时间)"的文章。

如果我们在输入和文档进行匹配前对原始的查询进行了词形还原,那么可能会得到更好的结果。

在接下来的章节中将尝试验证这一理论。

命名实体识别

命名实体识别(**Named-entity Recognition**,**NER**),也称为实体识别(**Entity Identification**)或**实体提取**(**Entity Extraction**),是指从给定的文本中查找命名实体,并将它们归入预先定义好的类目中。

命名实体识别任务很大程度上依赖于用来训练命名实体提取算法的知识库。所以它的有效性取决于训练它的数据集。

spaCy 拥有非常快速的实体识别模型，能够识别给定文档中的实体短语。实体可以有不同的类型，例如人、地点、组织、日期、数字等。可以通过 doc 对象的 .ents 属性访问这些实体。

在 spaCy 强大的命名实体识别能力的帮助下，我们通过一些具体的例子来尝试找到这些命名实体。

示例 1：

```
my_string = u"Google has its headquarters in Mountain View, California 
having revenue amounted to 109.65 billion US dollars "
doc = nlp(my_string)

for ent in doc.ents:
    print(ent.text, ent.label_)
```

输出：

```
('Google', 'ORG')
('Mountain View', 'GPE')
('California', 'GPE')
('109.65 billion US dollars', 'MCNEY')
```

可以看到，spaCy 模型能够轻松地识别出单词 **Google** 是一个组织（Organization），**California** 是地理实体（Geopolitical），并且在语句中提到的 **109.65 billion US dollars** 是与金钱相关的。

继续探索更多的例子吧。

示例 2：

```
my_string = u"Mark Zuckerberg born May 14, 1984 in New York is an American 
technology entrepreneur and philanthropist best known for co-founding and 
leading Facebook as its chairman and CEO."
doc = nlp(my_string)

for ent in doc.ents:
    print(ent.text, ent.label_)
```

输出：

```
('Mark Zuckerberg', 'PERSON')
('May 14, 1984', 'DATE')
('New York', 'GPE')
('American', 'NORP')
```

```
('Facebook', 'ORG')
```

示例 3：

```
my_string = u" I usually wake up at 9:00 AM. 90% of my daytime goes in
learning new things."
doc = nlp(my_string)
for ent in doc.ents:
    print(ent.text, ent.label_)
```

输出：

```
('9:00 AM', 'TIME')
('90%', 'PERCENT')
```

正如你所看到的，实体提取器可以轻松地从给定的字符串中抽取时间信息。并且也可以看到实体提取器不仅能将数字抽取出来，还能确定百分数。

根据 spaCy 的文档介绍，由 OntoNotes 5 语料库训练所得的模型支持以下的实体类型。

类型	描述
PERSON	人物，包括虚构人物
NORP	民族、宗教或政治团体
FAC	建筑物、机场、高速公路、桥梁等
ORG	公司、代理、机构等
GPE	国家、城市、州
LOC	非 GPE 的地点、山脉、水域
PRODUCT	物品、车辆、食品等（不包含服务）
EVENT	有名字的飓风、战役、战争、体育赛事等
WORK_OF_ART	书籍、歌曲等的标题
LAW	法律文件
LANGUAGE	任何有名字的语言
DATE	绝对或相对的日期或时期
TIME	小于一天的时间
PERCENT	百分比，包括"%"
MONEY	货币的价值，包括单位
QUANTITY	测量值，重量或距离的测量结果等
ORDINAL	"第一""第二"等
CARDINAL	不属于其他类型的数字

每当我们打算用简单的方法搭建会话代理或者聊天机器人时，总要考虑到领域的概念。例

如，希望聊天机器人能够预约医生、订餐、支付账单、填写银行的申请表、网上购物等。聊天机器人可能需要解决这些问题的集合。通过找出问题中的实体，我们可以对问题的上下文有比较清晰的了解。

试着通过下面这个两个词语相似但含义不同的句子示例来理解这一点。

```
my_string1 = u"Imagine Dragons are the best band."
my_string2 = u"Imagine dragons come and take over the city."

doc1 = nlp(my_string1)
doc2 = nlp(my_string2)

for ent in doc1.ents:
    print(ent.text, ent.label_)
```

上面对 doc1 对象的 for 循环会输出以下内容：

```
('Imagine Dragons', 'ORG')
```

太棒了，对不对（译者注：把 Imagine Dragons 识别成 ORG 类型，这是一个乐队的名字）？实体识别器在第二个字符串中没有识别出任何实体，这就更有趣了。运行以下代码，doc2 不会产生任何输出。

```
for ent in doc2.ents:
    print(ent.text, ent.label_)
```

现在，假设需要在真实环境中对上面的两个字符串进行上下文提取，你会怎么办呢？借助实体提取器(Entity Extractor)，可以轻松地找出语句的上下文，再智能地进行交互对话。

停用词

停用词（Stop Words）指的是有时在深入处理前我们希望从文档中过滤掉的一些高频词，比如一个(a，an)、那个(the)、到(to)和还有(also)。停用词通常只包含少量的词汇，也没有多大的含义。

以下就是 Reuters-RCV1 语料库中常见的 25 个停用词。

```
a     an    and   are   as    at    be    by    for
from  has   he    in    is    it    its   of    on
that  the   to    was   were  will  with
```

下面通过一些代码了解具体的处理方法。

要查看 spaCy 中被定义为停用词的所有单词，可以运行以下代码：

```
from spacy.lang.en.stop_words import STOP_WORDS
print(STOP_WORDS)
```

应该可以看到类似的内容：

```
set(['all', 'six', 'just', 'less', 'being', 'indeed', 'over', 'move',
'anyway', 'fifty', 'four', 'not', 'own', 'through', 'using', 'go', 'only',
'its', 'before', 'one', 'whose', 'how',
............................................................................
............................................................................
............................................................................
............................................................................
'whereby', 'third', 'i', 'whole', 'noone', 'sometimes', 'well', 'together',
'yours', 'their', 'rather', 'without', 'so', 'five', 'the', 'otherwise',
'make', 'once'])
```

在 spaCy 的停用词列表中定义了大约 305 个停用词。根据具体需要，你也可以定义自己的停用词列表来替代默认的停用词。

想要查看某个单词是否为停用词，可以使用 spaCy 的 nlp 对象。可以使用 nlp 对象的 is_stop 属性来进行识别。

示例 1：

```
nlp.vocab[u'is'].is_stop
```

输出：

```
True
```

示例 2：

```
nlp.vocab[u'hello'].is_stop
```

输出：

```
False
```

示例 3：

```
nlp.vocab[u'with'].is_stop
```

输出：

```
True
```

停用词是文本清洗中一个非常重要的部分。在尝试进行实际的文本处理和文本理解之前，它可以帮我们删除无意义的数据。

假设你正在搭建一个聊天机器人，通过评估用户情绪来逗乐用户。现在，需要分析用户输入文本的情绪，以便做出正确的响应。这里，在进行基本的情感分析之前，应该首先去除数据中的"噪声"，就是里面的停用词。

依存句法分析

依存句法分析是 spaCy 的强大特性之一，速度快、准确率高。解析器还可以用于句子边界检测，让你可以基于基本的名词短语（即"块，chunks"）进行迭代优化。

spaCy 的这个功能提供了一个分析树，用于解释单词或短语之间的父子关系（parent-child），这和单词出现的先后顺序无关。

以下面的这个句子为例子进行解析：

```
Book me a flight from Bangalore to Goa
```

示例 1：

```
doc = nlp(u'Book me a flight from Bangalore to Goa')
blr, goa = doc[5], doc[7]
list(blr.ancestors)
```

输出：

```
[from, flight, Book]
```

通过上述输出可以知道，用户想要预订从班加罗尔（Bangalore）起飞的航班。

让我们罗列出 goa.ancestors 对象的祖先节点：

```
list(goa.ancestors)
```

输出：

```
[to, flight, Book]
```

通过上述输出可以知道，用户期望的航班目的地是果阿（Goa）。

依存句法中的祖先节点（Ancestors）是什么？

祖先节点指的是当前节点的最右句法子节点。对于上述例子中的 blr 对象，它的祖先节点就是 *from*、*flight* 和 *Book*。

可以通过使用 doc 对象的 ancestors 属性来列出它的祖先节点。

```
list(doc[4].ancestors) #doc[4]==flight
```

上述代码的输出是：

```
[flight, Book]
```

为了检查某个 *doc* 对象是不是另一个 *doc* 对象的祖先节点，可以执行下述代码：

```
doc[3].is_ancestor(doc[5])
```

上述返回结果为 True，因为 doc[3]（也就是 flight）的确是 doc[5]（也就是 Bangalore）的一个祖先节点。可以多试几次加深对依存句法分析和祖先节点概念的理解。

如果试图找到一个在搭建聊天机器人时会真实遇到的场景，可能会遇到类似下面的句子：

I want to book a cab to the hotel and a table at a restaurant.

在这个句子中，确定要完成的任务是什么和具体的地点在哪里是非常重要的（也就是说，**用户想要预定一辆出租车是去酒店还是去饭店**）。

尝试使用以下代码：

示例 1：

```
doc = nlp(u'Book a table at the restaurant and the taxi to the hotel')
tasks = doc[2], doc[8] #(table, taxi)
tasks_target = doc[5], doc[11] #(restaurant, hotel)

for task in tasks_target:
        for tok in task.ancestors:
            if tok in tasks:
                print("Booking of {} belongs to {}".format(tok, task))
break
```

输出：

```
Booking of table belongs to restaurant
Booking of taxi belongs to hotel
```

依存句法中的子节点(Children)是什么?

子节点指的是当前节点的直接句法依赖节点。可以通过使用 children 属性来观察一个单词的子节点,和使用 ancestors 属性时类似。

```
list(doc[3].children)
```

输出:

```
[a, from, to]
```

依存句法分析的交互式可视化

初次接触依存句法分析时,想要理解它的完整概念是非常困难的。spaCy 提供了一个极其简单和交互式的方法来帮助我们理解依存句法分析。spaCy v2.0+有一个可视化模块,可以将 doc 对象或 doc 对象列表传递给 displaCy,并调用 displaCy 的 serve 方法来运行 Web 服务器。

图 2-5 展示了依存句法分析的交互式可视化的具体形式。

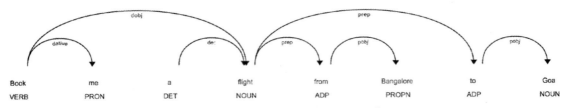

图 2-5 依存句法分析的交互式可视化

我们也可以生成图 2-5 中的依存句法可视化形式。但需要执行下面的代码,然后在浏览器中访问 `http://localhost:5000`。

下面尝试对任务的示例和目标进行可视化。

```
from spacy import displacy
doc = nlp(u'Book a table at the restaurant and the taxi to the hotel')
displacy.serve(doc, style='dep')
```

执行这段代码会有类似图 2-6 的输出。如果你得到的内容也是类似的,请打开一个浏览器页面并输入网址(见链接列表 2.6 条目)。

```
In [*]: from spacy import displacy
        doc = nlp(u'Book a table at the restaurant and the taxi to the hotel')
        displacy.serve(doc, style='dep')

        Serving on port 5000...
        Using the 'dep' visualizer
```

图 2-6　在本地启动依存句法分析服务

可以获得这个字符串的依存句法分析结果的可视化展示（如图 2-7 所示）。

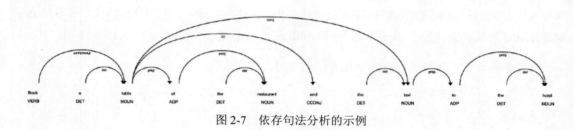

图 2-7　依存句法分析的示例

再举一个依存句法分析的例子，假设用户询问以下语句：

```
What are some places to visit in Berlin and stay in Lubeck?
```

首先创建一个 doc 对象，如下所示：

```
doc = nlp(u"What are some places to visit in Berlin and stay in Lubeck")
```

现在，可以得到用户提及的地理信息和用户想要执行的动作：

```
places = [doc[7], doc[11]] #[Berlin, Lubeck]
actions = [doc[5], doc[9]] #[visit, stay]
```

由于已经掌握了词性标注和实体提取的相关知识，所以可以很容易地自动获得地理信息和动作信息。

现在已经找到了地理信息，让我们遍历它的祖先节点，看看有没有哪个祖先节点在动作列表里。在动作列表内出现的第一个节点，就是在这个地点上发生的动作。

```
for place in places:
    for tok in place.ancestors:
        if tok in actions:
```

```
        print("User is referring {} to {}").format(place, tok)
        break
```

输出:

```
User is referring: Berlin to visit
User is referring: Lubeck to stay
```

正如在这些例子里看到的,依存句法分析可以帮助我们更容易理解用户想表达的内容。从上述不同的示例中也可以看出,我们能很好地理解用户期望并在此基础上生成回复。

在聊天机器人中依存句法分析的作用是什么?

从零开始搭建聊天机器人时,依存句法分析是其中最重要的模块之一。当你想要明白用户提供给聊天机器人的文本输入的具体含义时,依存句法分析变得更加重要。在一些未训练过的场景中,你依然不想失去你的客户,也不想让你的聊天机器人表现得像个愚蠢的机器一样。在这种情况下,依存句法分析确实有助于找到词语的关系,并尽可能地理解用户需求。

简单罗列一下依存句法分析的作用,包含以下几点:

- 有助于找到语法正确的语句中词语间的关系。
- 可以用于句子边界检测。
- 可以用于判断用户是否在同时讨论多个上下文信息。

你一定想知道,如果你的机器人用户使用了一些语法不正确的句子,或者是用 SMS 网络语言表达他的意图,那怎么办呢?正如第 1 章讨论到的,必须谨慎处理这些场景,并通过自然语言处理技术解决问题。

必须实现自定义的自然语言处理方法来理解用户的上下文信息,或者在此基础上聊天机器人可以识别出用户可能会犯的语法错误。

总而言之,用户可能会提供不相关的信息或者使用语法错误的句子,你必须对这些场景做好准备。若没办法一次性解决所有的这些问题,则可以通过增加自定义自然语言处理代码或者通过设计限制用户输入来不断优化聊天机器人。

名词块

名词块(Noun Chunks)或者说名词短语分块(NP-chunking),指的就是"基础名词短语"。可以说它们是以名词为主的扁平短语。可以认为名词块就是由一个名词以及形容这个名词的词语组成的。

下面通过例子来更好地进行理解。

示例 1：

```
doc = nlp(u"Boston Dynamics is gearing up to produce thousands of robot dogs")
list(doc.noun_chunks)
```

输出：

```
[Boston Dynamics, thousands, robot dogs]
```

尽管能识别出给定句子中的名词块已经很有用了，spaCy 还进一步提供了其他有用的属性。让我们尝试探索其中的一些属性。

示例 2：

```
doc = nlp(u"Deep learning cracks the code of messenger RNAs and protein-coding potential")
for chunk in doc.noun_chunks:
    print(chunk.text, chunk.root.text, chunk.root.dep_,
        chunk.root.head.text)
```

输出：

TEXT	ROOT.TEXT	ROOT.DEP_	ROOT.HEAD.TEXT
deep learning	learning	nsubj	cracks
the code	code	dobj	cracks
messenger RNAs	RNAs	pobj	of
protein-coding potential	potential	conj	RNAs

从上面的图表可以看出，可以获得名词块以及它们的属性。下面的这个图表会帮助你理解每一列的具体含义。

列	含义
Text	原始名词块的文本内容
Root text	将名词块和其他短语连接起来的原始单词
Root dep	将 root 和 head 连接起来的依存关系
Root head text	root 的 head 节点的文本

计算相似度

在进行自然语言处理时计算两个词的相似度是最经常碰到的问题。有时候判断两个词是否相似也是很重要的任务。在搭建聊天机器人时会经常遇到这样的场景，不仅需要找到相似的词语，还需要知道这两个词的相似程度。

基于 GloVe 算法（Global Vectors for Word Representation），spaCy 使用高质量的词向量来计算词语间的相似度。

GloVe 是一个用于获取词语向量表示的无监督学习算法。GloVe 使用了聚合的"词-词"共现统计信息作为语料库来训练模型。

下面通过 spaCy 中词语的 *vector* 属性看看向量的实际值。

```
doc = nlp(u'How are you doing today?')
for token in doc:
    print(token.text, token.vector[:5])
```

输出：

```
(u'How', array([-0.29742685,  0.73939574,
-0.04001453,  0.44034013,  2.8967502 ],,     dtype=float32))
(u'are', array([-0.23435134, -1.6145049 ,  1.0197453 ,  0.9928169 ,
  0.28227055],      dtype=float32))(u'you', array([ 0.10252178,
-3.564711  ,  2.4822793 ,  4.2824993 ,  3.590245  ],     dtype=float32))
(u'doing', array([-0.6240922 , -2.0210216 , -0.91014993,  2.7051923 ,
  4.189252  ],      dtype=float32))(u'today', array([ 3.5409122 ,
-0.62185854,  2.6274266 ,  2.0504875 ,  0.20191991],     dtype=float32))
(u'?', array([ 2.8914998 , -0.25079122,  3.3764176 ,  1.6942682 ,
  1.9849057 ],      dtype=float32))
```

光看上面的输出没有多大的意义。从应用的视角，最重要的是不同单词的向量有多相似，即单词本身的含义如何。

为了在 spaCy 中计算两个词语的相似度，可以参考以下代码：

示例 1：

```
hello_doc = nlp(u"hello")
hi_doc = nlp(u"hi")
hella_doc = nlp(u"hella")
print(hello_doc.similarity(hi_doc))
print(hello_doc.similarity(hella_doc))
```

输出：

```
0.7879069442766685
0.4193425861242359
```

来看看单词 *hello*，它会和单词 *hi* 更相似，即使单词 *hello* 和单词 *hella* 只有一个字母不同。

再通过一个例子来学习怎么使用 spaCy 进行相似度比较。记得在之前章节中有关《权力的游戏》的例子吗？我们来对它进行比较尝试，看看相似性如何。

代码：

```
GoT_str1 = nlp(u"When will next season of Game of Thrones be releasing?")
GoT_str2 = nlp(u"Game of Thrones next season release date?")
GoT_str1.similarity(GoT_str2)
```

输出：

```
0.785019122782813
```

从这个例子可以看到，这两个句子间的整体相似度约为 79%，足以说明两个句子非常相似，这也符合事实。在搭建聊天机器人时这能帮助我们节省大量编写定制代码的时间。至此我们已经了解到，相比简单的拼写或字母比较，spaCy 可以基于词向量更好地计算出两个单词的相似度。

接下来用一个简单的例子计算词语间的相似度。

```
example_doc = nlp(u"car truck google")

for t1 in example_doc:
    for t2 in example_doc:
        similarity_perc = int(t1.similarity(t2) * 100)
        print "Word {} is {}% similar to word {}".format(t1.text,
        similarity_perc, t2.text)
```

输出：

```
Word car is 100% similar to word car
Word car is 71% similar to word truck
Word car is 24% similar to word google
Word truck is 71% similar to word car
Word truck is 100% similar to word truck
Word truck is 36% similar to word google
```

```
Word google is 24% similar to word car
Word google is 36% similar to word truck
Word google is 100% similar to word google
```

当我们打算搭建任何强依赖自然语言处理技术的应用时，计算单词间或句子间的相似度变得尤为重要。如果你曾经使用过 StackOverflow，每当我们提出一个新问题的时候，它都会尝试列举出已经在平台上提问过的类似问题。这个例子充分说明计算两组句子相似度的能力在应用程序中能起到极大作用。基于一般性假设，spaCy 采用已训练好的模型进行两个单词间的相似度计算。

在搭建聊天机器人时，相似度计算在以下场景中非常有用：

- 在搭建用于推荐的聊天机器人时。
- 删除重复项。
- 构建一个拼写检查器。

在搭建聊天机器人时学习这些内容非常重要，根据这些知识就能知道如何解析用户的输入，以便根据对应的含义写相应的逻辑代码。

搭建聊天机器人时自然语言处理的一些好方法

在本节我们将会学习到一些有意思的内容，当针对特定场景计划实现自定义的自然语言处理方法时，这些内容经常能派上用场。确保你都掌握了这部分内容，因为它们会被频繁使用到，远远超出预期。下面将会简要介绍在聊天机器人场景下分词（tokenization）以及正则表达式（regular expression）的使用。

分词

分词（Tokenization）是自然语言处理中一个简单但很基础的概念，我们可以将一段文本分成多个有意义的片段。spaCy 首先对文本进行分词（即将文本拆分成单词，然后是标点符号和其他内容）。你可能会想到一个问题：为什么不使用 Python 内置的 split 方法完成分词呢？Python 的 split 方法是一个很原始的方法，它根据给定的分隔符对句子进行拆分。它不会考虑具体的语义，而分词方法会尝试在保留语义的前提下进行拆分。

下面通过代码来看看分词的效果。

示例 1:

```
doc = nlp(u'Brexit is the impending withdrawal of the U.K. from the
European Union.')
for token in doc:
    print(token.text)
```

输出:

```
Brexit
is
the
impending
withdrawal
of
the
U.K.
from
the
EuropeanUnion
```

仔细观察上述输出，经过分词处理后 U.K. 保留为单个词语，这是正确的，U.K. 是一个国家的名字，如果对它进行拆分那就会出错。如果还是不满足于 spaCy 的分词结果，那么可以通过 add_special_case 方法来增加自定义的规则，然后再使用 spaCy 的分词方法进行处理。

正则表达式

你一定已经听说过正则表达式以及它们的用法。本书假设你已经比较熟悉正则表达式。在本节中，我们会通过一些具体的例子来说明正则表达式在搭建聊天机器人时的有用性和重要性。

文本分析和处理本身就是一个很大的课题。有时候词语间的组合方式难以被机器理解，无法进行训练。

正则表达式可以很方便地对机器学习模型识别错误的一些特殊情况进行处理。它具有模式匹配的功能，可以确定正在处理的数据是不是正确的。在第 1 章的聊天机器人历史相关章节中讨论到的大部分早期聊天机器人，很大程度上都是依赖模式匹配进行处理的。

来看两个非常简单易懂的例子。我们将尝试使用正则表达式从下面两个句子中抽取信息。

Book me a metro from Airport Station to Hong Kong Station.

Book me a cab from Hong Kong Airport to AsiaWorld-Expo.

以下是代码：

```python
sentence1 = "Book me a metro from Airport Station to Hong Kong Station."
sentence2 = "Book me a cab to Hong Kong Airport from AsiaWorld-Expo."

import re
from_to = re.compile('.* from (.*) to (.*)')
to_from = re.compile('.* to (.*) from (.*)')

from_to_match = from_to.match(sentence2)
to_from_match = to_from.match(sentence2)

if from_to_match and from_to_match.groups():
    _from = from_to_match.groups()[0]
    _to = from_to_match.groups()[1]
    print("from_to pattern matched correctly. Printing values\n")
    print("From: {}, To: {}".format(_from, _to))

elif to_from_match and to_from_match.groups():
    _to = to_from_match.groups()[0]
    _from = to_from_match.groups()[1]
    print("to_from pattern matched correctly. Printing values\n")
    print("From: {}, To: {}".format(_from, _to))
```

输出：

```
to_from pattern matched correctly. Printing values
From: AsiaWorld-Expo., To: Hong Kong Airport
```

尝试将 sentence2 换成 sentence1，看看上述代码是不是还能很好地识别出相关的模式。鉴于当前机器学习的强大功能，正则表达式和模式匹配的应用范围没那么广泛了，但请时刻记得相关的概念，因为在处理词语、句子或者文档的一些特殊细节时都有可能会用到。

总结

到了现在，你一定能清晰了解为什么在搭建聊天机器人前需要掌握自然语言处理知识。在本章中，我们学习了 Python 的 spaCy 模块，包括它的特性、怎么安装使用等；深入研究了不少的自然语言处理方法，在搭建聊天机器人时都会频繁使用到这些方法；学习了词性标注、词干提取和词性还原的差别、实体识别、名词块、词语间的相似度计算等。

我们为所有的这些知识点都提供了实验代码,除文字说明之外,还进一步进行了实践尝试。不能仅靠文字阅读,还需要结合实践,这也是本书所强调的。对基础的分词和正则表达式也进行了细致说明。我们已经做好准备了,可以在下一章中通过免费的工具 Dialogflow 搭建聊天机器人。下一章将会学习到怎么训练聊天机器人,让它能够理解用户输入并提取出相关信息。

第 3 章
轻松搭建聊天机器人

当我们希望能够轻松简单地完成聊天机器人的搭建时,其实并不想从头开始搭建所有东西,只希望能够尽快完成任务。本章提供一个简单的方式,不需要进行大量编码就能实现并发布一个聊天机器人。

软件的发展太快常常会让人无所适从,所以在学习如何搭建聊天机器人的时候,本章的内容尤为重要。有时候,需要从开源库中寻找可用的工具去快速实现我们的应用程序,而不是"重复造轮子"。而有时候,我们可能因为编码能力不足,无法从头开始搭建整个应用程序。即使希望能够从头实现,新手陡峭的学习曲线也会让人望而却步。

本章将帮助你快速搭建一个聊天机器人,并将其发布以供其他人使用。

本章将会使用 Api.ai 工具。这个工具现在被称为 Dialogflow。

Dialogflow 简介

Dialogflow 提供了一套有吸引力的语音及文本会话接口,利用这套接口,用户可以以全新的方式与产品进行互动,比如语音应用程序或聊天机器人。Dialogflow 由人工智能驱动。它可以帮助你与你的网页、手机应用程序、谷歌智能助理、亚马逊 Alexa、Facebook Messenger 以及其他常用平台和设备上的用户建立联系。

图 3-1 描述了 Dialogflow 是如何处理一个用户请求的。

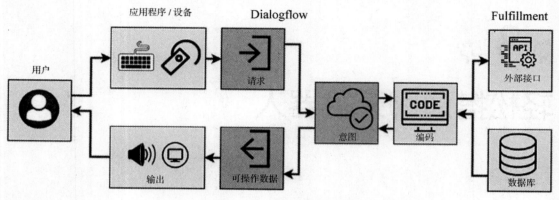

图 3-1 Dialogflow 架构流程图

用户请求经过以下流程：

1. 用户与输入设备进行对话。

2. 用户请求流入 Dialogflow 引擎。

3. Dialogflow 尝试进行意图识别。

4. 基于用户意图，完成 Fulfillment 并从数据库中返回数据。

5. 响应数据返回意图中。

6. 将响应数据转化为可操作数据。

7. 用户请求的信息返回输出设备中。

Dialogflow 中的代理程序，最好理解为自然语言理解（Natural Language Understanding，NLU）模块。它可以嵌到应用程序、产品或服务中，将用户的自然请求转化成可操作的数据。只要用户的输入能匹配代理程序中的任一意图，它就能够被转化。

代理程序还可以以特定的方式管理对话流。借助于上下文、意图优先级、槽填充、职责以及 Webhook 形式的 Fulfillment，我们可以实现定制化的对话流。

开始

至今学习到的内容都是非常重要的，都要掌握，因为我们不能一直依赖免费的开源工具或开源包去搭建一个完整的聊天机器人应用程序。

在大多数情况下，我们希望有能力实现所有细节，以便更多地控制应用程序。在下一章我们会学习到这些，还会使用之前学习过的自然语言处理技术。

本章主要介绍如何创建一个概念上的聊天机器人并将它公之于众，我们将尽可能少地编程，甚至无须编程来完成这项任务。

搭建一个点餐机器人

下面将使用 Dialogflow 为一家餐厅搭建聊天机器人。我们可以将它称为 **OnlineEatsBot**，也可以简称为 OnlineEats 产品。当然，也可以选择其他任意用例去创造理想中的聊天机器人。

确定范围

现在先来确定这个聊天机器人的范围——也就是它能做什么，以及能达到什么程度。

- 能够自动跟用户打招呼。
- 能够理解菜单中的菜品以及菜品点单数量。
- 能够代替用户下单。
- 能够回答用户关于订单状态的问题。

列举意图

下面来列举我们希望聊天机器人去训练的意图，以便当用户询问时它能够理解这些意图。

意图

- 基础问候意图（Default welcome intent）：当用户向聊天机器人发消息时。
- 下单意图（Place order intent）：当用户要求聊天机器人点餐时。
- 菜品描述意图（Item description intent）：当用户描述他们需要的菜品以及数量时。
- 订单状态（Order status）：当用户想要知道订单状态时。
- 订单 ID（Order_ID）：聊天机器人必须理解用户订单 ID 以便进行跟踪。
- 用户致谢（User thanks）：当用户向聊天机器人表达感谢时。

列举实体

我们将尝试列举出意图中所有可能的实体。在本章的后半部分，将会看到这些实体在哪些意图中被使用。

实体

- 菜品（Food_items）：用户想要点单哪种菜品？
- 数量（Quantities）：用户想要点单的数量是多少？
- 订单 ID（Order_id）：用户下单的订单 ID。

搭建点餐机器人

先根据聊天机器人能实现的最小功能集合来设定我们对它的期待。为此，我们虚构了一段用户与聊天机器人之间的对话内容。假定用户与聊天机器人以正常方式进行对话，这能够有效地帮助我们专注于完成拥有基础功能的聊天机器人。

聊天机器人与用户的对话内容如下：

用户：你好！

OnlineEatsBot：欢迎光临！请问有什么可以帮到您？

用户：我想要订购中餐。

OnlineEatsBot：当然可以，您今天想订购什么？

用户：一份鸡肉饺子和两个春卷。

OnlineEatsBot：好的。总共是 XYZ 美元，您的订单是一份鸡肉饺子和两个春卷。

用户：我还没拿到我的菜品。现在到哪了？

OnlineEatsBot：您可以提供一下您的订单 ID 吗？

用户：123456。

OnlineEatsBot：订单 ID：123456 的订单状态。配送员已经到达您指定的地点，您的菜品将在 5 分钟内送达。

用户：谢谢。

OnlineEatsBot：非常感谢您的配合。

我们已经写好了用来构建聊天机器人的基本对话脚本，下面将深入研究 Dialogflow。

Dialogflow 入门

根据以下步骤在 Dialogflow 创建账户，然后再创建一个代理程序（代理程序是聊天机器人的别名）。

1. 在网站（网址见链接列表 3.1 条目）上创建一个账户，然后登录该账户。

2. 创建一个代理程序。

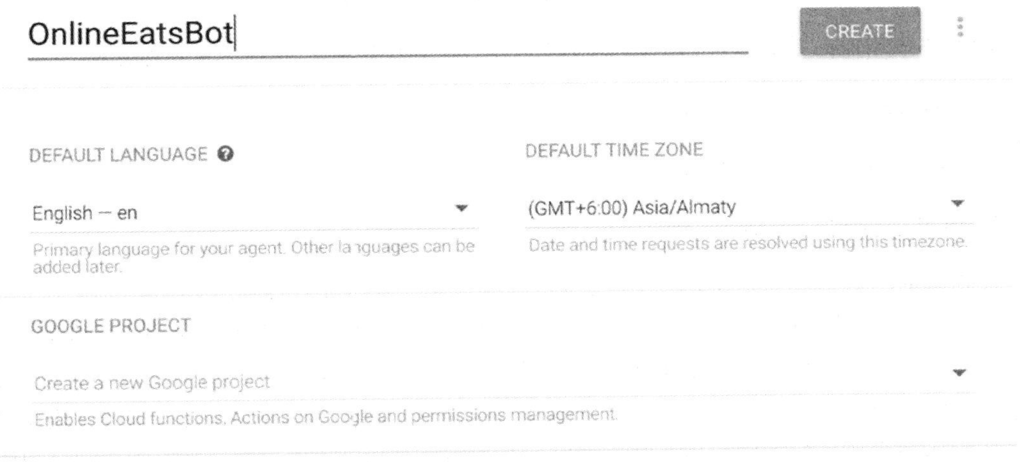

图 3-2　在 Dialogflow 中创建一个新的代理程序

输入代理程序名字、时区、默认语言等详细信息，并创建或选择一个已有的谷歌项目进行关联。

3. 创建意图显示在图 3-3 中，我们给聊天机器人预设了两个意图。

- 默认返回意图（**Default Fallback Intent**）：当用户的输入不匹配任一常规意图，也不满足内置简短对话启动要求时，返回意图将被触发。当创建一个新的代理程序时，默认返回意图将自动被创建。当然也可以根据需要对它进行修改或删除。

- 默认问候意图（**Default Welcome Intent**）：可以为聊天机器人扩展问候意图，添加一些自定义用户语句和默认回复。

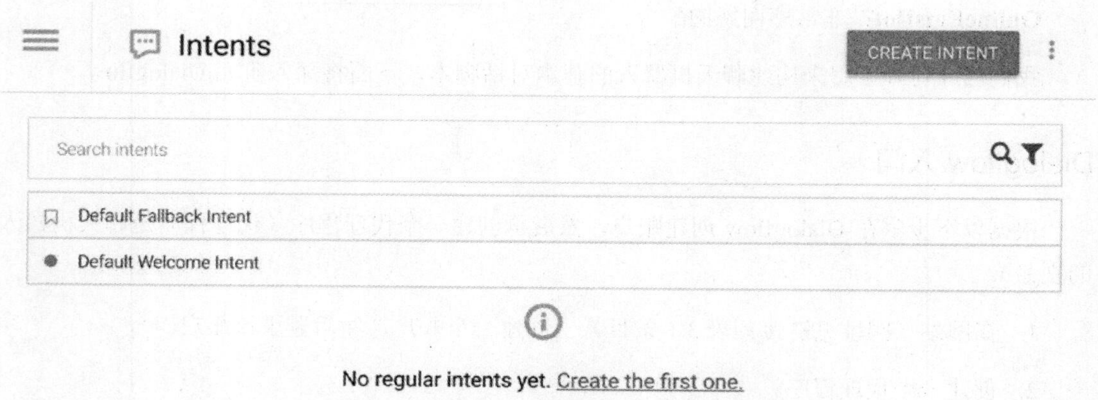

图 3-3　在 Dialogflow 中创建意图

在创建意图前,首先可以通过以下步骤,为默认问候意图添加一些自定义话术。

1．单击默认问候意图。

2．在训练短语中添加用户语句。

3．单击"保存"(SAVE)按钮。

在保存时,背后的机器学习模型将会运行并使用我们提供的数据进行训练(例如用户表达语句)。使用数据进行训练,意味着让机器基于我们提供的数据来理解意图的分类,并能够对新数据进行意图识别。例如在图 3-4 中,定义了五个用户表达语句,并且机器已经知道这些表达属于"问候意图"。如果用户使用了一个没被定义过的表达语句"Hello there",将会发生什么?由于新的用户表达语句与用于训练问候意图的数据特征相似,机器仍会将"Hello there"识别为**默认问候意图**。

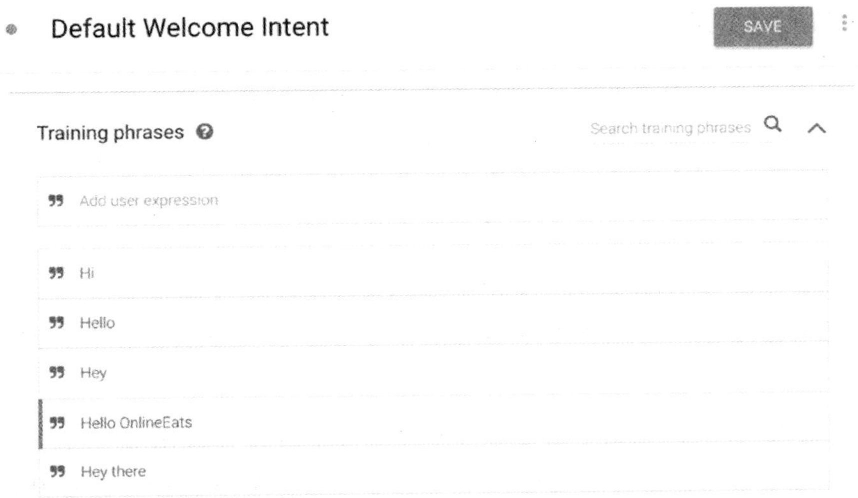

图 3-4　在 Dialogflow 中定义一个默认问候意图

下面来试试看问候意图是否起作用了。在 Dialogflow 中，可以在控制台执行这项操作，见图 3-5。

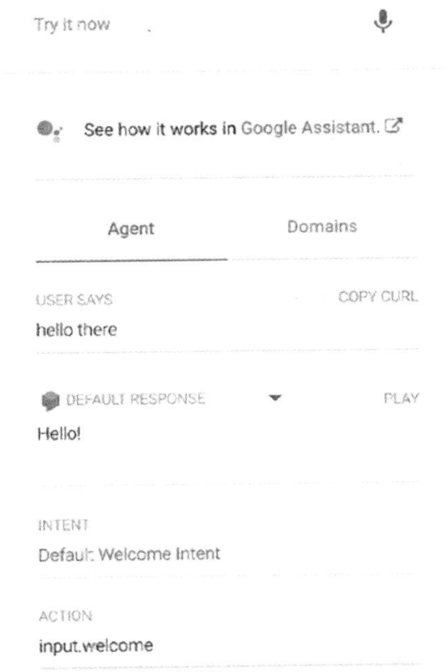

图 3-5　在 Dialogflow 中测试问候意图

创建意图的几大要点

来看一下在 Dialogflow 中创建意图时需要知道的重要事项。

- Dialogflow 还会为每个意图设置一个默认回复语句。默认回复就是每次意图被识别后都会返回给用户的回复语句。在示例中，用户说"Hello there"，将得到"Hello！"作为机器人的回复。

- 可以按照自己的意愿添加更多回复语句或删除已有回复语句。多样化的响应会使机器人看起来更逼真，机器人不会每次回复相同的内容，这也会让用户感觉更像在与真实人类交谈。

- Dialogflow 中的意图还能够被标识为一个会话的结束。换句话说，可以让机器人假定用户将不再继续参与对话，并让机器人根据此信息执行必要的操作以结束对话。

创建意图并添加自定义话术

前面已经创建了问候意图，现在来创建订单意图。将其命名为 **place_order_intent**。下面是用户表达语句：

I want food

I want to order food asap

Can you please take my order for food?

Take my order please

I want to place an order for Chinese food

I want to place an order

Would you please help me to order food?

Can you please order food for me?

I want to order food

I am looking to order Thai food

I am looking to order Chinese food

我想吃点东西

我想要尽快点餐

你可以帮我点餐吗？

请帮我下单

我想点中国菜

我想点餐

请问，你能帮我点餐吗？

你能帮我点餐吗？

我想要点些吃的

我打算点泰国菜

我打算点中国菜

现在，我们已经创建了一个意图，用于识别上述提及的或其他相关的用户表达语句。紧接着，来添加一些**默认回复**语句来响应用户输入。

为意图添加默认回复

下面将添加三个可能的回复语句，一旦遇到 **place_order_intent**，这些回复语句将会返回给用户。

Sure, What would you like to order today?

Definitely, What would you like to have today?

Certainly, I'll try to help you with that. What are you feeling like eating today?

好的，您今天想点什么呢？

当然，您今天打算吃点什么呢？

当然可以，很高兴为您服务。您今天想吃点什么呢？

下一步将等待用户输入他想要的菜品并进行解析。

现在要创建一个新的意图，它将告诉我们用户实际想要订购的东西（例如，食物）。

来创建一个名为 **items_description** 的新意图。

首先，添加标准用户表达语句。

One chicken dumpling and two spring rolls.

一份鸡肉饺子和两个春卷。

当添加用户表达语句时，可以选择指定单词作为意图的实体。这些单词可以是预先定义好的日期、时间或者地点等。除此之外，也可以通过单击弹出框底部的新建按钮创建实体。

选中语句中你希望作为实体的单词。之后将出现弹出框让我们创建自己的实体。

在这个例子中，应该用一种清晰、可读性强的格式解析数据，以便可以使用任意编程语言进行处理。JSON 格式是目前跨平台应用程序中可使用的最佳格式。Dialogflow 默认使用 JSON 格式返回数据，数据可被解析成下面的代码。建议尽可能地精简数据，降低 API 响应的负荷。请记住，这些都会被计算到开销中。

```
{
  "food_items": {
    "chicken dumpling": 1,
    "spring rolls": 2
  }
}
```

菜品描述意图及附属实体

可以选择单词"One"和"Two"，并将它们定义为数据类型@sys.number。下面将创建一个新的实体 **food_items_entity** 用于识别菜品种类。

在图 3-6 中，我们将实体命名为 **food_items_entity**，但当选择对应的单词时，可将其命名为 **food_items_entity1** 和 **food_items_entity2**。这与菜品数量的处理方法类似，将这两个参数分别命名为 **quantity1** 和 **quantity2**。

在这里定义的内容将会帮助我们理解意图触发后的 JSON 格式响应。在聊天机器人流程中将会继续使用这些数据。

选中单词或单词组合，然后单击"新建"按钮，将会出现一个新的页面来创建实体。只需要输入实体名字并单击"保存"按钮即可。

现在，回到意图 **items_description**，将会看到如图 3-6 所示的内容。

图 3-6　菜品描述意图

继续在训练短语中添加更多用户表达语句，并定义其中的实体。

到目前为止，已经添加了四个语句。我们将尽可能多添加话术，从而提高代理程序对意图分类的准确性。

Dialogflow 还有共享代理程序训练数据的功能。通过 Apress 网站（网址见链接列表 3.2 条目）可以获得本书中使用的所有训练数据。如图 3-7 所示，我们尝试在代理程序的菜品描述意图中添加更多的话术。

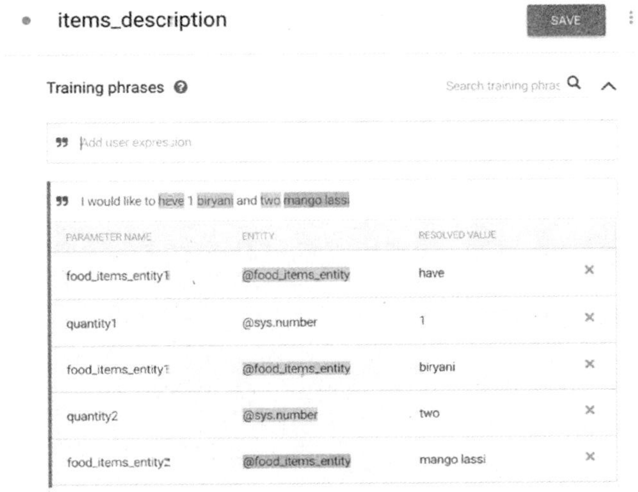

图 3-7　在菜品描述意图中添加更多话术

现在，一旦保存意图，代理程序就已经完成了模型训练。如果在右侧输入下面这句话，将会获得以下 JSON 响应。

One chicken dumpling and two spring rolls

一份鸡肉饺子和两个春卷

意图的响应：

```
{
 "id": "e8cf4a44-6ec9-49ae-9da8-a5542a80d742",
 "timestamp": "2018-04-01T21:22:42.846Z",
 "lang": "en",
 "result": {
   "source": "agent",
   "resolvedQuery": "One chicken dumpling and two spring rolls",
   "action": "",
   "actionIncomplete": false,
   "parameters": {
     "quantity1": 1,
     "food_items_entity1": "chicken dumpling",
     "quantity2": 2,
     "food_items_entity2": "spring rolls"
   },
   "contexts": [],
   "metadata": {
     "intentId": "0b478407-1b37-4f9a-8779-1866714dd44f",
     "webhookUsed": "false",
     "webhookForSlotFillingUsed": "false",
     "intentName": "items_description"
   },
   "fulfillment": {
     "speech": "",
     "messages": [
       {
         "type": 0,
         "speech": ""
       }
     ]
   },
   "score": 1
 },
```

```
  "status": {
  "code": 200,
  "errorType": "success",
  "webhookTimedOut": false
 },
 "sessionId": "e1ee1860-06a7-4ca1-acae-f92c6e4a023e"
}
```

来看一下 JSON 响应中 parameters_代码段。

```
{
"quantity1": 1,
"food_items_entity1": "chicken dumpling",
"quantity2": 2,
"food_items_entity2": "spring rolls"
}
```

可以轻松地利用 Python 代码将 JSON 转化为我们期望的格式。

你能做到吗？

测试一下你的 Python 技能，尝试编写一段代码读取上文的 JSON 片段，并按照之前讨论过的另一种 JSON 格式返回菜品以及菜品的数量。

理解用户需求并回复

现在，对话的下一步是让聊天机器人回复用户，其订单已经被受理，并附加一些新的信息。信息可以是生成的订单 ID、订单金额或者预计送餐时间。这些数据将会被存储在服务器端，也可以利用它构思一下机器人回复语句，并返回给用户。

现在，尝试在场景中添加订单金额功能；为此，可以使用 Dialogflow 的**默认回复**并将其添加到意图中。可以暂时对金额进行硬编码，由于订单的金额会根据菜品种类、数量或者餐厅而有所不同，所以将在后面的章节讨论如何通过调用 API 动态调整订单金额。

有趣的是，可以从意图中获得一些参数（例如，菜品及其数量）。

回复中可以包含**参数值的引用**。我们很快将理解这一点。

如果出现参数表中的参数，我们可以在"文本回复（Textresponse）"中使用以下格式去替换参数的值：$parameter_name。

我们可以在默认回复中使用参数，这样机器人就能确认订单并回复用户。

添加"*Done. Your final amount is XYZ and your order is placed for $quantity1 $food_items_entity1 and $quantity2 $food_items_entity2.*（好的，您的订单金额为 XYZ，您订购了 $quantity1 $food_items_entity1 以及$quantity2 $food_items_entity2。）"作为回复。

> **注意** 当意图无法解析菜品以及数量时，需要提供另一个默认回复，请求用户对机器人无法理解的语句进行解析或确认机器人的理解是否正确。在"**为意图添加默认回复**"一节中，已经学习了如何添加默认回复。

订单状态意图

现在，创建订单状态意图，用户可能会在下单后尝试询问订单状态。

图 3-8 中，为订单状态意图添加了一些训练短语，将订单状态意图命名为 **order_status**。

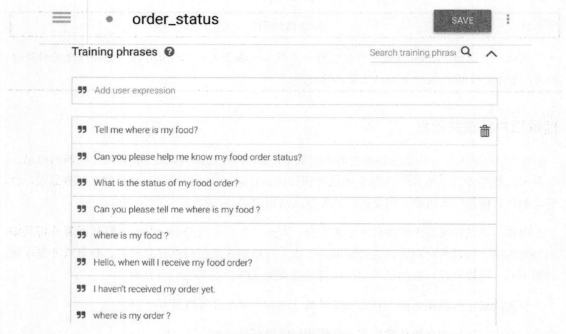

图 3-8 创建订单状态意图

下面尝试随机输入询问订单状态的语句，看看代理程序是否足够智能来识别出正确的意图。

尝试输入"*Haven't received my food yet*（我还没拿到我的菜品）"。瞧！代理程序完全理解

了这是 **order_status** 意图。

请参阅图 3-9 JSON 数据中的 *resolvedQuery* 以及 *intentName* 字段。

```
JSON
 1 ▾ {
 2     "id": "e68790f6-3d9c-4398-a7b1-5b1f6a3d0f1b",
 3     "timestamp": "2018-04-01T21:45:20.386Z",
 4     "lang": "en",
 5 ▾   "result": {
 6         "source": "agent",
 7         "resolvedQuery": "Haven't received my food yet",
 8         "action": "",
 9         "actionIncomplete": false,
10         "parameters": {},
11         "contexts": [],
12 ▾       "metadata": {
13             "intentId": "a76ae537-b648-4e81-a03d-eca7bc84b136",
14             "webhookUsed": "false",
15             "webhookForSlotFillingUsed": "false",
16             "intentName": "order_status"
17         },
18 ▾       "fulfillment": {
19             "speech": "",
20 ▾           "messages": [
21                 {
```

图 3-9　Dialogflow 中返回的 JSON 格式响应

用户订单 ID 意图

将下面这个问题设置为订单状态意图的默认回复。

Can you please help me with your order ID?（请问您的订单号是什么？）

现在，用户将提供他们的订单 ID，我们需要将订单 ID 识别出来并再次给出响应。

因此，需要创建另一个意图去识别用户在对话中谈到的订单 ID。

请注意，我们所创建的意图几乎都是相互独立的。在这种情况下，我们知道用户将提供他们的订单 ID，并且大部分订单 ID 都是正确的。如果订单 ID 是错误的，也可以再次询问用户。

在某些情况下，我们还需要注意到订单 ID 以及手机号码都可能是整数。此时，还需要对数据进行一些验证，比如订单号或者手机号码的位数。另外，基于问题的上下文，也可以判断出用户提供的是订单号还是手机号码。正如第 1 章所讨论的，我们可以使用决策树来更好地管理聊天机器人。除此之外，还可以将识别 **order_status** 意图后获得的订单 ID，或用户发送的一些订单 ID（一些数字），通过编程的方式进行跟踪。相较于创建一个全新意图来获取订单 ID，在代码中进行解析将会更简单。

在这个例子中,我们将创建用户订单 ID 意图,这应该没有异议。

现在,创建一个名为 **user_order_id** 的新意图。

图 3-10 显示了 **user_order_id** 意图的设置。

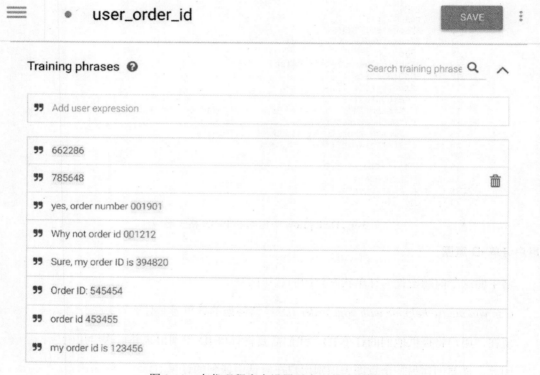

图 3-10　在代理程序中设置用户订单 ID 意图

测试了几个用户表达语句,它们都被正确地分类为 **user_order_id** 意图。记得多在 Dialogflow 控制台上进行测试,确保意图能够按预期运行。

现在,将 **user_order_id** 意图的默认回复设置成以下句子。

*Order Status for Order ID: $order_id. The delivery guy is in your locality, your food will arrive in about 5 minutes.*(订单 ID:$order_id 的订单状态。配送员已经到达您指定的地点,您的菜品将在 5 分钟内送达。)

我们再次使用从 **user_order_id** 意图中解析的参数来准备答复用户。

用户致谢意图

接下来，如果没有别的需求，用户可能会向机器人表达谢意，因此我们创建一个名为 **user_thanks** 的新意图，用于识别用户表示感谢的不同方式。这是一件重要的事情，一旦用户以某种方式致谢，聊天机器人应该给予回应。

我们不应该认定用户会在询问配送状态后立即表达感谢，然后盲目地进行回应，而应该尝试使用自定义意图识别用户的致谢。

图 3-11 显示了 **user_thanks** 意图的设置。

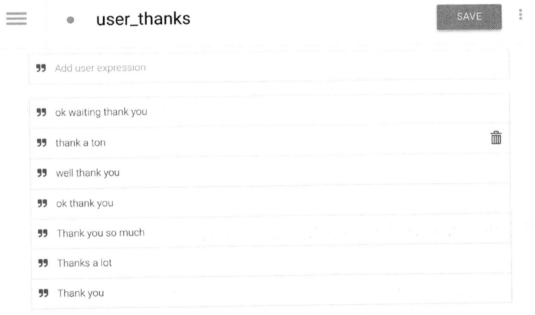

图 3-11　定义一个识别用户致谢的意图

现在，是时候使用默认回复功能对用户表达感谢，并将这个意图标记为对话结束了。

我们将添加一些文本，比如"*Thanks a lot for your cooperation*（非常感谢您的配合）"，作为默认回复。

可以添加更多回复话术，从而让聊天机器人看起来更加逼真（见图 3-12）。

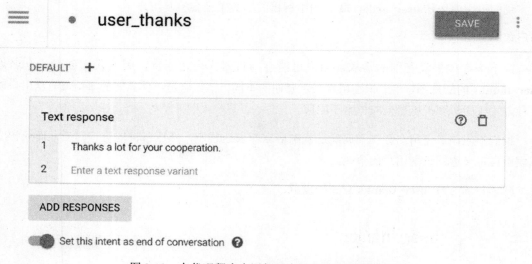

图 3-12　在代理程序中添加用户致谢意图对应的响应

在图 3-12 中，可以看到这个意图已经被设置为结束对话意图。

如果将聊天机器人集成到谷歌智能助理中，那么这个设置意味着当此意图完成时谷歌智能助理的麦克风将会被关闭。

目前我们已经根据初始的设计以及脚本构建好聊天机器人，并对它进行了训练。现在，是时候将它部署到互联网上，看看它的表现了。

将 Dialogflow 聊天机器人发布到互联网上

在这一节，我们将把聊天机器人与 Facebook Messenger、Twitter、Slack 等多个平台集成，并看看是否能成功。除此之外，还有许多平台可以轻松地集成聊天机器人。

现在将使用 Web Demo 和 Facebook Messenger 测试我们的机器人。

进入 Dialogflow 账户的集成页面，启用 **Web Demo**。将看到如图 3-13 所示的弹出窗口。单击弹出窗口中的链接。

图 3-13　Dialogflow 中的 Web Demo 链接

接下来将会看到如图 3-14.1 到图 3-14.4 所示的页面。这里用之前写的对话测试了聊天机器人，它看起来非常棒。

图 3-14.1　OnlineEatsBot 对话场景演示一

图 3-14.2　OnlineEatsBot 对话场景演示二

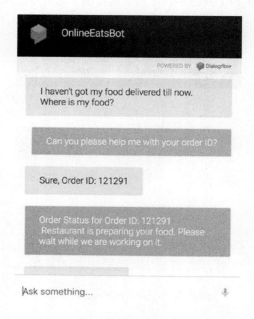

图 3-14.3　OnlineEatsBot 对话场景演示三

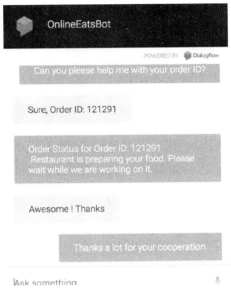

图 3-14.4　OnlineEatsBot 对话场景演示四

除此之外，还可以使用弹出窗口中的 iframe 代码将机器人嵌入我们自己的网站。

在这里可以与我的 OnlineEatsBot 机器人聊天：

网址见链接列表 3.3 条目。

将机器人分享给你的家人和朋友，在合法的范围内查看他们与聊天机器人的交互方式。如果聊天机器人没有做出预期内的响应，那么请尝试解决这个问题。

在 Facebook Messenger 上集成 Dialogflow 聊天机器人

在本节，我们将尝试把聊天机器人集成到 Facebook Messenger 上。这样，Facebook 平台上的用户无须访问我们的网站，也可以使用我们的聊天机器人。

回到 Dialogflow 控制台中的集成页面，启用 Facebook Messenger 设置。单击这个设置，将会出现一个与上文类似的弹出窗口。

现在需要到 Facebook 上注册一个应用程序，并获得所需的令牌。

- 认证令牌（任意字符串，仅供你自己使用）。

○ 页面访问令牌（输入 Facebook 开发者控制台中生成的令牌）。

Dialogflow 的 Facebook 集成工具有助于轻松地构建一个基于 Dialogflow 技术的拥有自然语言理解能力的机器人。

设置 Facebook

为了使机器人在 Facebook 上能够正常工作，需要执行以下操作：

1. 如果没有 Facebook 账号，先注册一个 Facebook 账号。
2. 创建一个可以添加机器人的 Facebook 页面。

当用户访问 Facebook 页面并向你发送消息时，他们将直接与机器人对话。

创建一个 Facebook 应用程序

按照如下步骤创建一个应用程序：

1. 登录 Facebook 开发者控制台。
2. 单击右上角"My Apps（我的应用程序）"按钮。
3. 单击"Add a New App（创建一个新应用程序）"按钮，输入应用程序名称和联系人的邮箱地址。
4. 如图 3-15 所示，单击 **Create App ID**（创建一个应用程序 ID）"按钮。

图 3-15 在 Facebook 开发者平台创建一个新应用程序

5. 在下一个页面中，单击 Messenger 选项的"Set up（设置）"按钮。

6. 在 Token Generation（令牌生成）部分，选择我们希望机器人连接的 Facebook 页面。

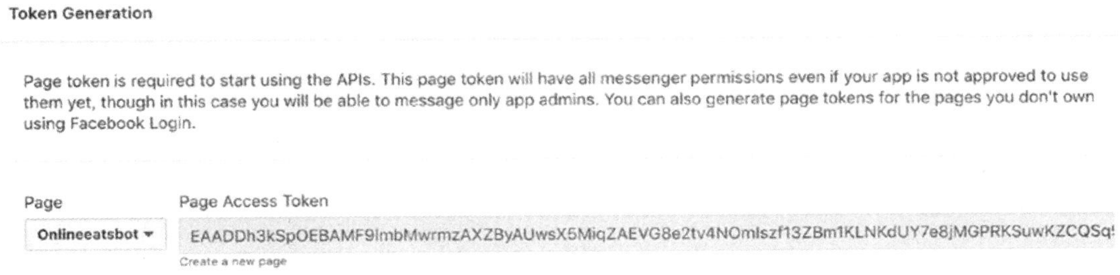

图 3-16 选择 Facebook 页面为机器人生成令牌

这将会生成一个**页面访问令牌**（**Page Access Token**）。保存好这个令牌，之后我们需要将它填写到 Dialogflow 中。

设置 Dialogflow 控制台

按照以下步骤进行设置：

1. 单击 Dialogflow 控制台左侧菜单的 **Integrations**(集成)选项，启用 **Facebook Messenger**。在弹出窗口中输入以下信息，如图 3-17 所示，进行 Facebook Messenger 与 Dialogflow 的集成：

   - **认证令牌**：任意字符串，仅供你自己使用。
   - **页面访问令牌**：输入 Facebook 开发者控制台中生成的令牌。

2. 单击"START（开始）"按钮。

随后将会收到一条消息，"Bot was started（机器人已经启动）"。这意味着我们可以开始下一步了。

你一定很好奇，回调 URL、认证令牌、页面访问令牌分别是什么。下面来解释一下这些名词。

图 3-17 进行 Facebook Messenger 与 Dialogflow 的集成

回调 URL

回调 URL 是一个可公网访问的链接，Facebook 会将你的 Facebook 页面请求实时转发到这个链接上。

假设你正尝试在 **OnlineEats** 上为菜品付款，将会被重定向到银行付款页面。现在，**OnlineEats** 将向银行提供一个回调 URL，当付款完成后，可以将用户重定向到回调 URL。

Facebook 不会进行任何重定向，但会将用户在聊天窗口中发送的所有消息通过 POST 请求发送到 Webhook 或者回调 URL。

一旦服务器接收到消息，将会进行意图分类以及实体解析，然后生成你想要回复给用户的内容。

认证令牌

认证令牌是当订阅被验证后，向终端（endpoint）发送的任意字符串。之所以需要认证令牌，是为了确保服务器能够确认请求来自 Facebook，并且与我们的订阅相关。

假设有人知道了你的 Webhook 并冒充 Facebook 发送消息，这个时候**认证令牌**将派上用场，可以通过认证令牌验证请求的来源是否正确。根据这个令牌，可以处理多个来源的 POST 请求。对于同一个回调 URL，不同的认证令牌代表不同的请求来源。

页面访问令牌

需要页面访问令牌管理 Facebook 页面。不同的页面、管理员和应用程序都对应着唯一的令牌，并且每个令牌都有过期时间。

> **注意** 保存好回调 URL 以及认证令牌，以便配置 Webhook。

配置 Webhook

为了配置机器人的 Webhook，需要回到 Facebook 开发者控制台：

1. 打开 Dashboard（控制面板），单击 "**Add a product**（添加产品）" 下的 "**Set up（设置）**" 按钮设置 Webhook。如果还没有订阅 Webhook，将会看到 "Subscribe to this object（订阅此对象）" 的选项。单击这个选项将会出现一个新的窗口，输入以下信息：

- 回调 URL：这个是 Facebook Messenger 集成页面上提供的 URL。
- 认证令牌：就是之前创建的令牌。

2. 执行 Messenger（信使）➤ Settings（设置）➤ Set up Webhooks（设置 Webhooks）命令，将会看到如图 3-18 所示的弹出窗口。添加回调 URL 以及认证令牌。

图 3-18 在 Facebook 中设置 Dialogflow 机器人的 Webhook

3. 检查"Subscription Fields（订阅字段）"下的 messages（消息）和 messaging_postbacks（消息回传）选项。同时也可以选择用例所需要的其他字段。

4. 单击"Verify and Save（确认并保存）"按钮。请参考图 3-18。

之后将会回到设置页面，**Webhooks** 的状态此时应该变成"Complete（已完成）"。确认选择一个页面，你可以为页面事件订阅 Webhook。

测试信使机器人

为了测试机器人，我们需要发布应用程序：

1. 单击 Facebook 开发者控制台左侧菜单中的 **App Review（应用程序预览）**按钮。

2. 单击 **Make App Public?（发布应用程序名称？）**开关。如果看到 **Invalid Privacy Policy URL（无效的隐私协议 URL）**提示，则回到对话框中的基础设置填写隐私协议 URL。如果没有隐私协议，请暂时随便填写一个 URL，然后单击"保存"按钮。现在，请回到 **App Review（应用程序预览）**页面，并尝试重新发布应用程序。

3. 系统将会提示你需要为应用程序选择一个类别。

4. 在列表中选择"**Education（教育）**"分类。也可以随意选择最适合你的机器人的分类。

5. 如图 3-19 所示，单击"**Confirm（确认）**"按钮，发布 Facebook 应用程序。

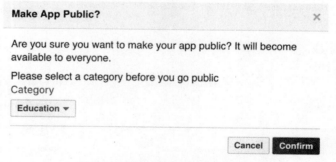

图 3-19　发布 Facebook 应用程序

下面还需要为页面创建一个用户名。当用户与机器人对话时将会看到这个用户名。如图 3-20 所示，可以单击"About（关于）"部分下的 **Create Page @username（创建页面@用户名）**链接设置用户名。这样就可以用这个名字向其他人分享你的页面或机器人。

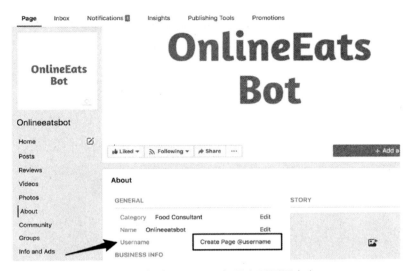

图 3-20 创建 Facebook 机器人页面用户名

现在，使用之前 Dialogflow 网站的测试流程对 Facebook Messenger 机器人进行测试。参考图 3-21.1 到图 3-21.4，可以看到 Facebook Messenger 机器人如何响应。

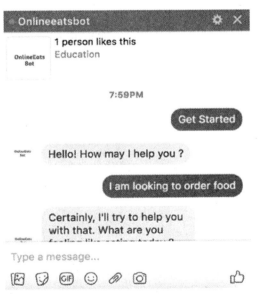

图 3-21.1 Facebook Messenger 机器人 OnlineEatsBot 演示场景一

图 3-21.2　Facebook Messenger 机器人 OnlineEatsBot 演示场景二

图 3-21.3　Facebook Messenger 机器人 OnlineEatsBot 演示场景三

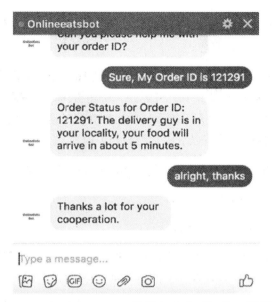

图 3-21.4 Facebook Messenger 机器人 OnlineEatsBot 演示场景四

朋友们,以上就是搭建一个聊天机器人的全过程。

第 4 章将会更有趣。在第 4 章中,我们将会尝试不依赖 Dialogflow 的 API 和控制面板(dashboard)实现有同样功能的聊天机器人。

能完全控制所有事情的感觉很棒,不是吗?

注意:可以在账号设置中直接导出或导入代理程序。下载压缩文件(**OnlineEatsBot.zip**),并将它导入到 Dialogflow 中,这样就可以使用在本章搭建的聊天机器人了。

如果希望通过供应商或餐厅的 API 实时下单、查看订单状态并生成相应的回复给用户,那该怎么处理呢?可以调用实时 API 获得你想要的数据,并生成回复内容。在结束本章内容进入下一章之前,我们需要了解如何做到这一点。

下面来学习 Dialogflow 中的"**Fulfillment**"功能。

Fulfillment

为了获得用户请求的实时信息,我们需要开发一些 API 或使用现有的 API。为了在 Dialogflow 中实现这个功能,需要设置 Fulfillment。这将需要部署服务并调用相关 API。

我们不会深入探讨构建以及部署 API 的细节，但如果你曾经尝试使用任何谷歌或 Facebook 的 API，至少应该清楚它们的调用方式。

我已经构建了一个基于 Flask 的 API 并将其部署到 Heroku。下面将在 Fulfillment 中使用它。API 将接受 URL 中的订单 ID（order_id）并返回一个随机的订单状态（order_status）。如果不熟悉 Heroku，也不需要担心，可以在本地系统中运行并测试这段代码。在下一章中，我们将使用 Heroku 部署大量应用程序，也可以从中学习到相关内容。

可以从代码中了解如何解析 order_identity、intentName 等信息。

代码位于：网址见链接列表 3.4 条目。

请求 URL：网址见链接列表 3.5 条目。

在 Dialogflow 中，Fulfillment 功能会将意图的 JSON 响应通过 POST 请求发送到这个 URL，你需要从 URL 中解析相关的实体以及它们的值并执行特定操作。

也可以尝试在 Heroku 上部署示例 Flask 应用程序代码，并让终端（endpoint）在机器人上工作以实现 Fulfillment 功能。

现在，终端已经启用 Webhook 调用，Dialogflow 会通过 POST 请求将意图的 JSON 响应转发到 Webhook。它的代码能够解析 **order_id** 实体并进行特定操作。目前，代码仅随机返回列表中的订单状态。

要测试 API 能否正常工作，请打开 POSTMAN 并使用图 3-22 中的示例数据对它进行测试。如果你在本地运行 Flask 应用程序，请使用本地 URL。

图 3-22　使用 POSTMAN 测试部署在 Heroku 上的 Fulfillment API

启用 Webhook

打开 Dialogflow 中的 Fulfillment 页面,尝试启用 Webhook 功能(见图 3-23)。

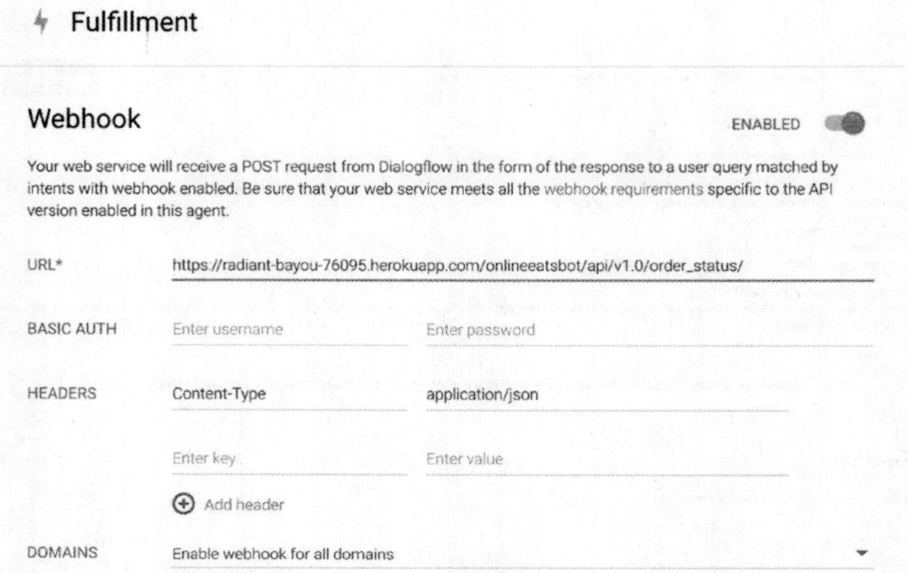

图 3-23 在 Dialogflow 中设置 Fulfillment 的 Webhook 功能

确认已经为用户订单 ID（user_order_id）意图启用了 Webhook 调用功能（见图 3-24）。

图 3-24 为指定意图启用 Webhook 调用功能

Dialogflow 将会向 Webhook URL 发送 JSON 格式数据，如图 3-25 所示。

```json
{
  "responseId": "6e48703b-0259-4d6c-81a1-c6e6b2da0d07",
  "queryResult": {
    "queryText": "Order ID is 234",
    "parameters": {
      "order_id": 234
    },
    "allRequiredParamsPresent": true,
    "fulfillmentText": "Order ID: 234.0. Restaurant preparing the food",
    "fulfillmentMessages": [
      {
        "text": {
          "text": [
            "Order ID: 234.0. Restaurant preparing the food"
          ]
        }
      }
    ],
    "webhookPayload": {
      "facebook": {
        "text": "Order ID: 234.0. Restaurant preparing the food"
      }
    },
    "intent": {
      "name": "projects/hellooa-fdfca/agent/intents/9a39f983-74e8-487c-bb67-a22b728fc3d2",
      "displayName": "user_order_id"
    },
    "intentDetectionConfidence": 0.97,
    "diagnosticInfo": {
      "webhook_latency_ms": 200
    },
    "languageCode": "en"
  },
  "webhookStatus": {
    "message": "Webhook execution successful"
  }
}
```

图 3-25　从 Dialogflow 传入到 Webhook 终端的 JSON 数据

检查响应数据

当 Dialogflow 向 Web 服务器发送意图的 JSON 响应（如图 3-25 所示）时，它期望获得如图 3-26 所示的数据格式的响应。

```
 1  {
 2    "fulfillmentText": "This is a text response",
 3    "fulfillmentMessages": [
 4      {
 5        "card": {
 6          "title": "card title",
 7          "subtitle": "card text",
 8          "imageUri": "https://assistant.google.com/static/images/molecule/Molecule-Formation-stop.png",
 9          "buttons": [
10            {
11              "text": "button text",
12              "postback": "https://assistant.google.com/"
13            }
14          ]
15        }
16      }
17    ],
18    "source": "example.com",
19    "payload": {
20      "google": {
21        "expectUserResponse": true,
22        "richResponse": {
23          "items": [
24            {
25              "simpleResponse": {
26                "textToSpeech": "this is a simple response"
27              }
28            }
29          ]
30        }
31      },
32      "facebook": {
33        "text": "Hello, Facebook!"
34      },
35      "slack": {
36        "text": "This is a text response for Slack."
37      }
38    },
39    "outputContexts": [
40      {
41        "name": "projects/${PROJECT_ID}/agent/sessions/${SESSION_ID}/contexts/context name",
42        "lifespanCount": 5,
43        "parameters": {
44          "param": "param value"
45        }
46      }
47    ],
48    "followupEventInput": {
49      "name": "event name",
50      "languageCode": "en-US",
51      "parameters": {
52        "param": "param value"
53    }}}
54  
55  
```

图 3-26 Dialogflow 期望的 Webhook URL 响应

如果 API 响应与图 3-26 不完全一致，那么也无须紧张。因为 JSON 数据中的关键字都是可选的，即使缺少某个关键字，意图也不会报错。

下面是 API 响应数据，它能够被正常处理。

```
{
  "fulfillmentText" : "Order ID: 9999. It's on the way",
```

```
    "payload": {
        "facebook": {
            "text": "Order ID: 9999. It's on the way"
        }
    }
}
```

如果尝试再次访问 API，会得到一个订单状态不同但格式相同的文本，它同样能被 DialogFlow 引擎处理。

```
{
    "fulfillmentText": "Order ID: 9999. Rider has picked up your food,
    please wait for another 10-15 minutes",
    "payload": {
        "facebook": {
            "text": "Order ID: 9999. Rider has picked up your food, please
            wait for another 10-15 minutes"
        }
    }
}
```

FulfillmentText 是代理程序能够回复用户的关键。

现在，尝试使用公共 URL 或 Dialogflow 代理程序测试聊天机器人。你会发现原来默认的静态响应数据已经被 API 响应所替代。

这样，我们可以通过 Dialogflow 的 Fulfillment 功能将自己的 API 或者外部 API 集成到聊天机器人中，让对话内容更实时、更动态化。

总结

在本章，我们了解了 Dialogflow 以及如何使用 Dialogflow 搭建一个聊天机器人；学会了定义意图以及各自的实体；搭建了一个简单的点餐机器人，它能够理解用户的点餐意图，并理解用户订购的食物种类以及数量；还进一步拓展了聊天机器人的能力，允许用户向它询问订单状态，获取订单 ID，并能根据不同的订单状态生成回复。

我们还学习了 Dialogflow 的 Fulfillment 功能，从自己的 API 中获取订单状态，并根据 API 的返回值给用户提供相应的回复；学会了创建聊天机器人的网络演示程序，还将机器人集成到 Facebook Messenger 中。现在，你应该对如何从端到端搭建一个聊天机器人有了很清晰的认识。

下一章我们开始尝试以更难的方式搭建聊天机器人。对，你没听错。我们将不依赖像 Dialogflow 这样的工具，而是以编程的方式自行搭建所有内容。让我们为下一章做好准备，从头搭建所有内容将是一件更加有趣的事情。就像是训练并驯服你自己的聊天机器人一样。

下一章见。

第 4 章
从零开始搭建聊天机器人

"从零开始搭建聊天机器人"实现起来并不会太难。它可以让你对机器人有完全的控制权。如果你希望自己搭建所有东西,那么你选择了困难的道路。选择了这条道路,在经历的时候是艰难的,但当你回首时,这将会是清晰而美丽的。

这是一条通往伟大高峰的崎岖之路。

——Lucius Annaeus Seneca

如果你对 Python 有所了解,并且知道如何安装软件包,那么学习本章将不会遇到任何问题。如果你是一名开发人员,这对你来说应该很简单。如果你是一名经理或非技术人员,你也可以按照每一节的内容一步一步执行,最终完成机器人的搭建。强烈建议大家完成本章的阅读,以便学习搭建聊天机器人的核心内容。

本章不仅教你如何从头搭建聊天机器人,还展示了如何通过 Rasa NLU 让核心机器学习(ML)与自然语言处理(NLP)协同工作。正如本书第 1 章所述,当你搭建一个聊天机器人时,决策树总是一个不错的选择。在本章中,我们几乎不使用任何规则,但是机器学习并没有达到 100% 的可靠性。因此,要不要使用规则完全决定于你的用例,以及你是否希望将业务逻辑和机器学习模型融合在一起。有时,你的机器学习模型可能运行得非常好,不需要做任何纠正。但根据我的经验,当你将要销售机器人或者将它们商业化时,必须要注意这一点——没有相关功能比拥有一个不合理的功能要好得多。

我们将使用一个名为 Rasa NLU 的开源库,来学习如何在不使用像 Dialogflow、Watson、wit.a 等云服务的情况下,从头开始搭建聊天机器人。需要注意的是,Rasa NLU 是一个非常复杂的软件库,拥有非常多的功能。我们将只涉及对搭建机器人有用的概念和功能。

Rasa NLU 是什么

Rasa NLU 是一个开源的自然语言处理库,可用于聊天机器人的意图分类和实体识别。它可以帮助你为聊天机器人编写自定义自然语言处理模块。

我们将在本章中介绍 Rasa 的两个部分,如下所述。

- **Rasa NLU:** 我们将学习使用 Rasa NLU 为机器人准备训练数据、编写配置文件、选择管道(pipeline)以及训练模型。之后,将使用该模型预测文本的意图。还将学习如何使用 Rasa NLU 解析实体。

- **Rasa Core:** 第二部分,我们将学习如何训练 **Rasa Core** 对话管理模型,准备回复用户的内容。当机器人有了大量的意图、询问语句以及响应时,这部分内容将变得非常重要。对于大型企业级应用程序,我们不应该在决策树中添加大量规则并耗费大量时间进行调试,而应该使用模型来生成响应。验证训练好的模型的表现将会很有趣。请记住,不能随意地向用户回复无意义的文本信息。

我们为什么要使用 Rasa NLU

Rasa NLU 不仅仅是提供了许多方法的软件库。它具有搭建你能想象的任意类型聊天机器人的能力。Rasa 提供了一个神奇的功能,即不需要通过编写规则理解文本的含义,只需要训练机器实现这一点。

让我们来看一下,为什么要使用 Rasa NLU:

- Rasa NLU 是一个活跃、积极维护的项目,并且有良好的社区给予支持。

- 如果我们不想向第三方共享用户的敏感数据,则必须使用 Rasa NLU 等开源工具从头搭建聊天机器人。这样,所有的数据都不需要对外公开,只会在我们自己的服务器上进行处理。

- 依赖第三方服务训练你的数据或识别用户语句的意图,调用的 API 并不总是稳定可靠的。如果服务关闭,聊天机器人怎么办呢?

- 使用 Rasa NLU 搭建聊天机器人将为你提供一整套指令集。可以根据需要对所需数据进行训练、调整和优化。使用 Rasa NLU,我们则可以通过实验找到最适合数据集的机器学习算法,而不是依赖固定的一种算法。

深入了解 Rasa NLU

这一节我们将会直接进入动手部分尝试安装 Rasa，并开始通过训练数据构建机器学习模型。还将使用一些更酷的开源库让这一切更简单。

安装 Rasa

在之前的章节中尝试过使用这个命令安装 spaCy。请注意，这里将使用 0.13.2 版本的 Rasa。

```
pip install rasa-nlu==0.13.2
```

Rasa NLU 拥有多个意图分类和实体识别的组件。不同的组件各自有不同的依赖关系。

当训练模型时，Rasa NLU 会检查是否安装了所有必需的依赖项。如果要安装 Rasa 所需的完整依赖，可以执行以下步骤：

```
git clone https://github.com/RasaHQ/rasa_nlu.git #Clone the repo
cd rasa_nlu #Get into the rasa directory
pip install -r alt_requirements/requirements_full.txt #Install full requirements
```

第一步可能需要一些时间。请耐心等待执行完成。

在 Rasa 中确定管道

管道（pipeline）是一组用于模型训练的算法。Rasa NLU 有两个广泛使用的管道，分别是 spacy_sklearn 和 tensorflow_embedding。下面来了解一下这两种管道。

```
spacy_sklearn
```

- *spacy_sklearn* 管道使用 GloVe 算法或 Facebook 人工智能团队开发的 fastText 算法的预训练词向量。
- *spacy_sklearn* 在特定情况下的效果非常好。比如你的语句是，"What is the weather in Boston（波士顿的天气怎么样）？"当使用同样的语句训练模型，然后让它预测语句 "What is the weather in London（伦敦的天气怎么样）？"的意图时，我们的模型足够智能，它知道 "Boston（波士顿）"和 "London（伦敦）"这两个词是相似的，这两个语句属于同一个意图。
- 这个管道对小数据集非常有用。

```
tensorflow_embedding
```

- *tensorflow_embedding* 管道并不像 spacy_sklearn 一样使用预训练词向量，而是会根据提供的数据集进行自我调整。

- *tensorflow_embedding* 管道的好处是我们可以得到适应特定领域的词向量。

- 用一个例子来解释 *tensorflow_embedding* 是如何工作的。在英语里，"play"一般与"a sport（一项运动）"或"an activity of enjoyment or recreation（一种娱乐活动）"相关，与"an act（一幕戏剧）"一词有很大不同。在戏剧领域内，"play"和"an act"是密切相关的，"play"表示"a form of literature written by a playwright（剧作家创作的一种文学作品）"。非常有必要让模型在特定领域内进行学习，避免由于预训练的模型带来干扰。

从零开始训练和搭建聊天机器人

如果阅读过本书的第 3 章，你一定会很熟悉使用 Dialogflow 搭建的"点餐机器人"。你必须了解意图、实体以及机器人返回给用户的回复等相关内容。

同样，在本章我们将采用一个用例从头搭建聊天机器人。你不需要使用同样的例子，随意选择一个用例，按照本章的步骤进行操作，并在本章结束后完成聊天机器人的搭建。

下面将搭建一个星座机器人，它能够理解用户的查询并告诉他们当天的星座运势。让我们开始吧。

搭建一个星座聊天机器人

我们将使用开源库 Rasa NLU 搭建一个星座聊天机器人。要确定聊天机器人的范围以及它能做什么。

- 星座机器人应该能理解问候语并进行回复。
- 机器人应该能够理解用户是否需要占卜。
- 如果用户没有提供自己的星座，机器人应该能够进行询问。
- 如果用户不知道自己的星座，机器人应该询问用户的生日并为用户找到对应的星座。
- 用户应该可以向机器人订阅/取消订阅每日星座运势。

- 机器人应该能够从现有的回复中学习并生成新的回复响应。
- 机器人应该能够处理用户的拼写错误。

由此而见，机器人需要完成的功能还是比较简单的。

可能的意图有：

- 问候意图：用户以问候语开始。
- 占星意图：用户询问星座运势。
- 用户的星座意图：用户告知星座。
- 用户的生日意图：用户告知生日。
- 订阅意图：用户要求订阅星座运势。

根据设计机器人和编写代码的方式，你可能不需要实现以上所有的意图，或者可能需要一些额外的意图去覆盖希望机器人执行的所有用例。随着本章的进行，我们将尝试搭建机器人完成占星的基本任务，之后作为练习，可以给机器人添加更多用例。

以上几乎就是我们要做的所有工作，根据用户与机器人之间可能的简单对话来识别可能的意图。

星座机器人和用户之间的对话脚本

让我们创建一个用户和机器人间可能的对话脚本。如第 1 章所述，编写对话脚本就像构建软件前准备软件需求文档一样。它可能以后会被修改，但可以让你对聊天机器人应用程序发生的变化有全面的了解。

下面是我们预估的用户与机器人间的对话：

用户：你好！

星座机器人：你好！希望你一切顺利。

用户：我想知道我的星座运势。

星座机器人：当然，请问你的星座是什么？

用户：摩羯。

星座机器人：不好意思，你的意思是摩羯座吗？

用户：是的。

星座机器人：好的，这是你今天的星座运势。今天你会比较乐观和积极。可以向身边不安的人分享你的能量。你的态度会对身边的朋友、同事、伴侣和孩子带来深远的影响。甚至在你还没意识到的情况下，身边人都会被你的精神影响到。如果有人受伤或者愤怒，请鼓励他们。一切都会过去的。

星座机器人：你想订阅每日星座运势吗？如果需要订阅，请回复订阅。

用户：是的，请帮我订阅。

星座机器人：太棒了，你已经成功订阅了每日星座运势。祝你有美好的一天。

这个对话的目的是让我们对聊天机器人的对话有一个大致的了解。可以根据需要调整对话的流程。

可以通过训练聊天机器人模型准备有效的响应，而不是编写一堆 if…else 语句。

为聊天机器人准备数据

Rasa NLU 支持以多种方式在自定义数据上定义意图以及对应的实体。它支持 markdown 以及 JSON 格式数据，并支持从单个文件或一个文件夹下的多个文件中获取数据。

首先选用最困难但最容易扩展的方法。手动创建 JSON 格式文件非常困难，但通过编程的方式实现则非常容易且很好扩展。

为模型创建 JSON 格式数据

Rasa NLU 期望的 JSON 格式数据需要有 *rasa_nlu_data* 的顶层对象，并且具有 *common_examples*、*entity_synonyms* 以及 *regex_features* 关键字。

接下来将要着重处理 *common_examples* 对应的数据。下面是 JSON 数据的基本框架：

```
{
    "rasa_nlu_data": {
        "common_examples": [],
        "regex_features" : [],
        "entity_synonyms": []
    }
}
```

}

关键字 *common_examples* 是我们 JSON 数据中重要的一部分,将会被用来训练模型。我们将在 *common_examples* 数组中添加所有的训练示例。

regex_features 是一个帮助意图分类器识别实体或意图,并可以提高意图分类准确性的工具。

下面开始编写我们的 JSON 文件。将文件命名为 **data.json**。

1. 创建一个名为 **horoscope_bot** 的文件夹。
2. 将当前工作目录更改为 horoscope_bot。
3. 打开 Jupyter Notebook。
4. 创建一个名为 **data** 的新文件夹。
5. 单击"data"文件夹,单击 Jupyter Notebook 中"New(新建)"菜单下的"Text File(文本文件)"选项。
6. 单击新创建文件的文件名,将文件名修改为 **data.json**,然后为聊天机器人编写意图。

对于步骤 5 和步骤 6,你可以随意使用喜欢的文件编辑器(如 Sublime、Notepad++、PyCharm 等)来处理 JSON 文件。

以下是 **data** 文件夹下的 **data.json** 文件:

```json
{
"rasa_nlu_data": {
"common_examples": [
    {
      "text": "Hello",
      "intent": "greeting",
      "entities": []
    },
    {
      "text": "I want to know my Horoscope",
      "intent": "get_horoscope",
      "entities": []
    },
    {
      "text": "Can you please tell me my horoscope?",
```

```json
      "intent": "get_horoscope",
      "entities": []
    },
    {
      "text": "Please subscribe me",
      "intent": "subscription"
    }
  ],
  "regex_features": [],
  "entity_synonyms": []
 }
}
```

```json
{
  "rasa_nlu_data": {
    "common_examples": [
      {
        "text": "你好",
        "intent": "greeting",
        "entities": []
      },
      {
        "text": "我想知道我的星座运势。",
        "intent": "get_horoscope",
        "entities": []
      },
      {
        "text": "可以告诉我你的星座是什么吗？",
        "intent": "get_horoscope",
        "entities": []
      },
      {
        "text": "请订阅我们的星座运势",
        "intent": "subscription"
      }
    ],
    "regex_features": [],
    "entity_synonyms": []
  }
}
```

正如你所见的，手动准备数据看起来非常笨拙。你一定记得我们在 Dialogflow 中使用的简单方法。因此，让我们来使用一种很酷又有趣的工具，它可以帮助我们创建符合 Rasa 期望格式的训练数据。工具由 Polgár András 开发，对于检查以及修改，我们之前准备的数据也非常有用。在一个小项目中，如果需要手动创建数据，那么这个工具将可以节省大量时间。对于任意一个完全被数据驱动的应用程序，数据可视化都是一种不错的处理方式。

因此，在使用更好的方法扩展数据前，先将之前创建的文件 **data.json** 保存起来。

可视化并修改 Rasa 的 JSON 格式数据

在本节，我们将使用名为 Rasa NLU trainer 的工具来可视化数据（迄今为止创建的所有数据）。这个工具也可以帮助我们给数据添加注释。如果你还记得我们在第 3 章中对 Dialogflow 接口的解释，那么定义实体以及它们的名字、类型就很简单了。我们将使用开源工具执行相同的操作。

Rasa NLU trainer 是一个非常好用的工具，我们可以直接在浏览器中编辑训练数据。处理 JSON 数据非常棘手且非常容易产生错误。使用这个工具，可以轻松地添加更多示例数据或者编辑现有数据。它节省了大量手动注释数据的时间。rasa-nlu-trainer 是一款基于 JavaScript 的工具，因此需要在系统内安装 node.js 才能运行这个工具。只需要不到 5 分钟的时间就可以完成安装。按照以下步骤进行安装设置：

1. 打开网站（网址见链接列表 4.1 条目）并下载 node.js。
2. 按照网站指导在系统上安装软件包。安装完成后，打开一个新的终端或命令行界面，输入"npm"命令以查看是否生效。

我已经安装了 8.11.4 版本 LTS。确认安装完成后，运行以下命令安装 rasa-nlu-trainer：

```
sudo npm i -g rasa-nlu-trainer
```

成功安装后，将会看到类似以下内容的日志：

```
[fsevents] Success: "/usr/local/lib/node_modules/rasa-nlu-trainer/
node_modules/fsevents/lib/binding/Release/node-v57-darwin-x64/fse.node"
already installed
Pass --update-binary to reinstall or --build-from-source to recompile
npm WARN slick-carousel@1.8.1 requires a peer of jquery@>=1.8.0 but none is
installed. You must install peer dependencies yourself.
+ rasa-nlu-trainer@0.2.7
added 492 packages in 10.14s
```

即使日志信息与上面的内容不一致，只要没有出现任何错误信息就不需要担心。很快就会知道 rasa-nlu-trainer 是否成功安装以及能否正确运行。

在终端中跳转到之前创建的文件夹下，并执行以下命令：

```
rasa-nlu-trainer
```

输入这个命令将会在端口 55703 上启动一个本地服务器，并在默认浏览器中打开它，如图 4-1 所示。

图 4-1 本地服务器中的 rasa-nlu-trainer

正如你所见到的，data.json 的所有数据都被这个神奇的工具筛选出来，以供我们进行删除或编辑。还可以在这里添加新的示例，它将持续扩展 data.json 文件。

为了有更好的训练模型，我建议向意图中添加更多的数据。如果你想要搭建与本章描述相同的机器人，可以从本书源代码压缩文件或出版商 repo 中获取 data.json 文件。

和在第 3 章中使用 Dialogflow 时通过选中语句中的实体来进行定义一样，我们也可以使用这个工具进行同样的操作，给实体命名以便稍后进行解析。单击示例的切换按钮，选中文本，添加实体并为其命名。

我已经为我定义的每个意图添加了 5~6 个示例语句。添加越多的示例，模型将会得到越充分的训练并且有越高的准确性。

如果现在查看 data.json 文件，会发现文件里自动添加了更多示例。因此，请继续添加并验证 data.json 文件，看看通过 **rasa-nlu-trainer** 可视化界面添加的示例是否都被添加到文件中。

我们还会注意到，在 data.json 文件中，通过 rasa-nlu-trainer 定义的实体在 ***common_examples*** 列表中会有 **start** 和 **end** 关键字。**start** 和 **end** 关键字在模型中标识了实体在示例语句中从什么位置开始以及到什么位置结束。

字典对象还描述了实体的值以及我们定义的实体名称。对于我们的示例，字典对象如下所示：

```
{
  "text": "19-01",
  "intent": "dob_intent",
  "entities": [
    {
      "start": 0, "end": 2, "value": "19", "entity": "DD"
    },
    {
      "start": 3, "end": 5, "value": "01", "entity": "MM"
    }
  ]
}
```

训练聊天机器人模型

在本节我们将会使用准备好的数据进行模型训练。在上一节我们使用 Jupyter Notebook 创建并管理文件，现在要创建一个新的.ipynb 格式文件，开始编写 Python 代码并从本章前面讨论过的管道中选择一个来训练我们的模型。

创建配置文件

像之前使用 Jupyter 创建 JSON 文件一样，再次创建一个 JSON 格式文件并命名为 **config.json**。把它放在 data 目录外（即放在项目目录 horoscope_bot 下）。

添加以下配置：

```
{
  "pipeline": "tensorflow_embedding",
  "path": "./models/nlu",
  "data": "./data/data.json"
}
```

正如你所看到的，config.json 文件中有一些重要的配置参数。下面来了解一下这些参数。

- **pipeline**：管道将指定使用哪种特征器或特征提取器来解析文本和提取必要信息。在例子中，我们将使用 *tensorflow_embedding*。
- **path**：路径本质上是训练后保存模型的目录。将在/models/nlu 目录下保存我们的模型。
- **data**：数据是需要指定的路径；基本上就是训练数据所在的位置。

既然已经完成了config.json配置文件,下面继续编写Python代码来训练我们的机器学习模型。

YAML 配置

也可以像下面一样使用.yml文件作为配置文件。示例文件config.yml可以从github repo中获取。

- 示例一:

```
language: "en"
pipeline: "tensorflow_embedding"
```

- 示例二:

```
language: "en"
pipeline:
- name: "nlp_spacy"
- name: "tokenizer_spacy"
- name: "intent_entity_featurizer_regex"
- name: "intent_featurizer_spacy"
- name: "ner_crf"
- name: "ner_synonyms"
- name: "intent_classifier_sklearn"
```

根据定义的组件顺序处理所有传入的消息。定义的组件按照顺序一个接一个地运行,因此也被称为处理管道。不同的组件具有不同的功能,比如实体提取、意图分类、预处理等。

这种方式的好处是可以通过Rasa清晰地预先定义好处理的管道。

编写Python代码训练模型并进行预测

打开一个新的.ipynb文件并开始编写代码。我们将.ipynb文件命名为rasa-nlu.ipynb。请确保你使用的Python版本已经成功安装rasa-nlu 0.13.2。

以下是我们的Python代码,代码使用data.json和config.json文件并通过*tensorflow_embedding*管道训练模型。

```python
from rasa_nlu.training_data import load_data
from rasa_nlu.model import Trainer
from rasa_nlu import config
from rasa_nlu.model import Interpreter

def train_horoscopebot(data_json, config_file, model_dir):
```

```python
    training_data = load_data(data_json)
    trainer = Trainer(config.load(config_file))
    trainer.train(training_data)
    model_directory = trainer.persist(model_dir, fixed_model_name =
    'horoscopebot')

def predict_intent(text):
    interpreter = Interpreter.load('./models/nlu/default/ horoscopebot')
    print(interpreter.parse(text))
```

在代码的第一部分，我们导入了 rasa_nlu 包中所有必需的库。然后分别定义了两个方法，*train_horoscopebot* 和 *predict_intent*。第一个方法通过给定的数据、配置文件以及模型目录（存储模型的位置）训练模型。predict_intent 方法使用了 rasa_nlu 中的 **Interpreter** 方法加载预训练模型文件并给用户提供预测新文本的能力。

训练模型

通过运行下方的代码片段，使用相应的参数调用 train_horoscopebot 方法。

```
train_horoscopebot('./data/data.json', 'config.json', './models/nlu')
```

在 rasa-nlu.ipynb 中运行这段代码，会得到如下输出：

```
Epochs: 100%|██████████| 300/300 [00:01<00:00, 175.69it/s,
loss=0.075, acc=1.000]
```

训练聊天机器人模型的代码将会自动创建模型的文件夹，可以使用 Jupyter 或文件浏览器或苹果访达（finder）软件进行查看。代码将会在我们提供的模型目标目录中创建一系列 index、meta 以及 pickle 文件。

从模型进行预测

下面调用 predict_intent 方法来看看训练好的模型的效果。

```
predict_intent("I am looking for my horoscope for today. I am wondering if
you can tell me that.")
```

这个方法本身会输出信息。对于上面的文本，输出信息如下所示：

```
INFO:tensorflow:Restoring parameters from ./models/nlu/default/
horoscopebot/intent_classifier_tensorflow_embedding.ckpt

{
```

```
"intent": {
  "name": "get_horoscope",
  "confidence": 0.9636583924293518
},
"entities": [],
"intent_ranking": [
  {
    "name": "get_horoscope",
    "confidence": 0.9636583924293518
  },
  {
    "name": "dob_intent",
    "confidence": 0.03462183475494385
  },
  {
    "name": "greeting",
    "confidence": 0
  },
  {
    "name": "subscription",
    "confidence": 0
  }
],
"text": "I am looking for my horoscope for today. I am wondering if you can tell me that."
}
```

哇！是不是很神奇？我们的模型预测该文本的置信度约为 96%。可以从提供的 ipynb 文件中看到我们的模型同样可以很好地预测其他意图。这就是 TensorFlow 和机器学习的力量。毋庸置疑，rasa_nlu 库让我们清晰地认识到这一点。是时候回顾一下了，如果你还记得本书的第 3 章中的内容，一定记得每当我们添加一个新的示例，Dialogflow 都会重新训练模型。它实际上跟我们刚才做的一样，只是在幕后完成这一切。Dialogflow 中我们无法改变模型或者调整参数，但是现在我们可以完全控制模型。

现在已经成功使用 TensorFlow 搭建和训练了一个模型并对其进行测试，下面将继续进行下一个主题：对话管理。我会要求你测试机器人可能会面临的所有场景，以便清楚模型表现不佳的地方，从而根据需要添加更多数据或调整参数。

此外，请记住只有当训练数据发生变化时，才需要重新训练模型。如果训练数据没有变化，则可以加载现有的训练模型持续对新示例进行预测。

使用 Rasa Core 进行对话管理

在本节，我们将为 Rasa Core 对话管理训练另一个模型。请记住，我们已经拥有能够预测文本意图的模型，可以编写 Python 代码来组装响应并回复给用户。但如何为机器人添加更多意图？对于有大量功能的大型应用来说，这是否可扩展？答案是否定的。Rasa Core 的对话管理功能就派上用场了。

如果你曾经在其他平台上使用过机器人，一定在某些场景下见过机器人失败的案例。我们必须承认目前机器人仍有缺陷，机器人无法很好地管理会话上下文、跟踪会话给予回复。借助 Rasa Core 基于机器学习的对话框架，我们可以轻松地解决这个问题。Rasa Core 具有准产品化、易于扩展以及最重要的开源等特性，被成千上万的开发人员使用，并在企业级应用程序中得到充分验证。

深入了解 Rasa Core 及对话系统

在准备开始 Rasa Core 的对话模型编码前，了解这么做的原因和来源是一件很重要的事情。

我们将尝试梳理到目前为止搭建聊天机器人以及对机器人进行更改的全流程。

下面来举个例子：

如果我们想要搭建一个简单的聊天机器人，它可以帮助用户预订机票、汽车票、电影、火车票等。最简单的实现方式就是构建一个状态机或决策树，编写一堆 if…else 语句。这是一个可行的方法，但是不可扩展。如果用户有了一次完美的体验，他们将会希望能更多地使用机器人。通过启发式的方法，我们知道机器人不可能在所有场景都表现得非常智能。当代码流程从 try 模块跳转到 except 模块时，我们可能就搞不清楚现在的状况了。

图 4-2 简单地描述了搭建这个聊天机器人所需的状态机。

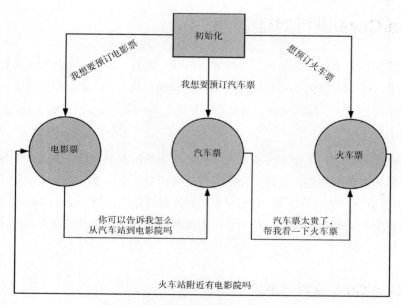

图 4-2　票务预订聊天机器人的状态机

从状态流转图可以发现，状态机可能适用于正常会话，比如用户查找电影票、汽车票或火车票，或者在询问电影票后预订汽车票。如果用户要求一起预订汽车票和电影票怎么办？你可能会说我们可以在现有的嵌套代码中添加更多的 if…else 语句来处理。如果你是一名优秀的开发者，在状态机中编写新的输入输出或者扩展决策树并不会花费太多的时间。但是当这些条件呈指数级增长时，你必须不断添加案例来处理它们，同时案例之间也会开始互相干扰。

我们的大脑以学习和重新学习的方式工作。如果孩子们不知道火会对他们造成什么影响，他们会触摸它，但当火伤害他们时，他们会记住并不会再次接触它。他们加深了对火是有害的这个事实的印象。这与奖励机制类似——当你做某件事并获得某些东西时，会联想到这样的一个事实：做某件事会带来奖励，那么将会再做一次。这在机器学习中称为强化学习，机器通过执行某项动作并分析得到的结果来学习在特定情况下该如何表现。强化学习有时并不是最好的方法，例如在数据不足或数据质量不好以至于无法学习奖励方案等情况下。

图 4-3 可以帮助你了解在 Rasa Stack 中 Rasa Core 如何与 Rasa NLU 配合。Rasa NLU 就是我们之前学习过的内容。

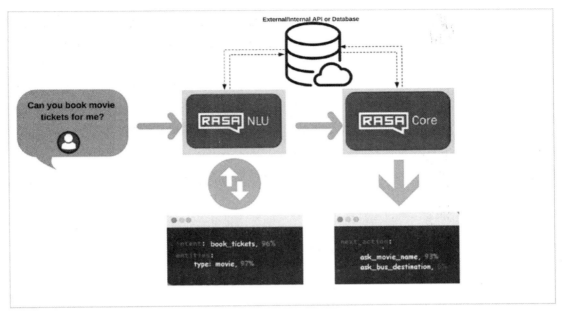

图 4-3　Rasa NLU 与 Rasa Core 的工作示意图

使用 Rasa Core，我们可以指定机器人应该做或应该说的所有事情。这些被称为**动作**（*actions*）。一个动作可能是向用户发送问候语或查询数据库，或者是使用某些 Web 服务或 API 检索某些信息。

Rasa Core 为我们提供训练概率模型的工具，根据当前用户或其他用户的历史会话预测下一步的动作。想象一下，如果没有机器学习模型，我们需要编写数百个用例来确定应该执行怎样的响应或动作。简单来说，Rasa Core 为你简化了这个问题。

来看看我们在第 3 章中构建的 OnlineEatsBot 机器人与用户间的对话。

用户	OnlineEatsBot
你好，OnlineEats	你好！我可以帮你做点什么
我想点餐	当然，你今天想吃点什么
一个鸡肉汉堡	好的。你的订单金额是 3.99 美元
谢谢	非常感谢

这个对话非常简单，在没有任何机器学习模型的情况下也能完成，即使我们确实使用了训练过的模型来识别其中的意图和实体。

现在，你一定能想到这样一个有趣的问题，"如果我希望我的机器人能够修改订单应该怎么办？ 如果我希望我的机器人能够添加或减少食物的数量应该怎么办呢？"因此，正如之前所讨论的，添加更多用例、提高复杂性、添加更多意图以及对应的示例语句、在代码中添加更多的if…else 语句处理边界状况可以解决这个问题，但是在你搭建企业级聊天机器人时，必须能够快速扩展它从而获得更多利润。所有软件系统都是这样的，而那些不可扩展的软件系统都没能存活下来。最重要的是，我们不能一直通过更改和发布代码的方式来实现这一目标。

因此，我们可以采用机器学习的方法来进行解决，而不是重复地处理发生的所有问题。在 Rasa Stack 的帮助下，我们可以根据用户的上下文信息和会话状态告诉机器人下一步应该做什么。由于模型能够根据先前对话数据的上下文进行自我学习，相较于从四到五个固定语句中随机选择并进行回复的方式，机器学习模型更能帮助对话变得更加自然和友好。

Rasa 建议使用数据很少或没有数据的用户交互式学习。我们将在本章后面更多地了解**交互式学习（interactive learning）**。

在真正开始使用 Rasa Stack 编写机器人的核心部分之前，我们需要了解一些基础概念。

理解 Rasa 概念

尝试真正在代码中完全使用 Rasa 前，了解与它相关的一些特定概念非常重要。在本节中，将学习一些重要且非常有用的 Rasa NLU 概念。确保你完全理解这些概念，因为我们将使用它们以及 Rasa 的域文件格式来搭建第一个内部聊天机器人。如果不理解这些概念的含义，那么将很难继续下去。

动作（Action）

顾名思义，动作是一个可以实施的具体行动。Rasa 文档这样描述动作："响应对话状态将采取的下一步行动"。

例如，如果用户询问今天的星座运势，机器人就可以执行"获取今日星座运势（GetTodaysHoroscope）"动作。来看一下"获取今日星座运势（GetTodaysHoroscope）"动作在代码中如何实现。

```python
from rasa_core.actions import Action
from rasa_core.events import SlotSet

class GetTodaysHoroscope(Action):
    def name(self):
```

```
    return "get_todays_horoscope"

def run(self, dispatcher, tracker, domain):
    # type: (Dispatcher, DialogueStateTracker, Domain) -> List[Event]

    user_horoscope_sign = tracker.get_slot('horoscope_sign')
    """Write your logic to get today's horoscope details
       for the given Horoscope sign based on some API calls
       or retrieval from the database"""

return [SlotSet("horoscope_sign", user_horoscope_sign)]
```

name 方法返回我们在域文件中自定义的 Action 名称。

run 方法完成了动作的主要工作——也就是说核心业务逻辑都在这里。如你所见，run 方法需要三个参数：*dispatch*、*tracker* 和 *domain*。

让我们逐一理解这些参数：

- **dispatcher**：dispatcher 用于将消息回复给用户。可以使用 dipatcher.utter_message()实现同样的目的。

- **tracker**：当前用户的状态跟踪器。可以使用 tracker.get_slot(slot_name)访问槽值，也可以使用 tracker.latest_message.text 获取最新的用户消息。

- **domain**：bot 的域名。将在本章稍后的章节中进行更详细的讨论。

> **注意** run 方法返回事件实例列表。

槽（Slots）

槽的目的是使机器人像人类一样工作。它就像一块存储空间，可以存储用户提供的信息，也可以存储预先从数据库、API 获取的信息。

不同的用例可以使用不同类型的槽。

例如，在搭建星座机器人的用例中，我们希望使用**文本**类型的槽，用于描述用户提供的**星座（horoscope_sign）**信息。

根据你想要使用的槽的类型，Rasa 提供了一些预先定义好的槽类型。

除了文本，Rasa 还有以下的槽类型。

- 布尔值（Boolean）⇒ 用于表示是/否。
- 分类（Categorical）⇒ 用于必须选择某些值的情况。
- 浮点（Float）⇒ 用于连续的数值。
- 列表（List）⇒ 用于列表类型的值。
- 特征（Featurized）⇒ 用于不影响会话的内部值存储。

模板（Templates）

在生活中你一定听说过模板这个词，比如在发邮件、准备文档、搭建投资网站或者遵循某一个流程时都会尝试寻找一个可使用的模板。

Rasa 使用模板来描述话术。话术模板包括一组预设的文本内容，当某些动作被触发后，文本将被发送给用户。通过将话术模板设置成和动作相同的名字，或者对动作自定义执行代码，我们可以将模板格式化的消息发送给用户。

域文件中一个简单的模板定义如下所示：

```
templates:
 utter_greet:
   - "hello {name}!" # name can be filled by a slot of same name or by custom code
 utter_goodbye:
   - "goodbye"
   - "take care bye" # multiple templates allow the bot to randomly pick from them
 utter_default:
   - "Sorry, I didn't get that."
```

hello {name}!：你好 {name}!
name can be filled by a slot of same name or by custom code：姓名可以用同名槽或者自定义代码填充
goodbye：再见
take care bye：保重，再见
multiple templates allow the bot to randomly pick from them：多个模板允许机器人从中随机挑选
Sorry, I didn't get that.：对不起，我不太明白。

现在，我们已经了解了动作、槽以及模板这三个概念，同时在第 3 章中已经学习了意图和实体的含义，我们已经准备好深入研究 Rasa 并开始为我们的第一个聊天机器人编写代码。

为聊天机器人创建域文件

使用 Rasa Stack 搭建聊天机器人的首要任务是创建一个域文件（domain file）。

根据 Rasa 的文档，域（domain）定义了机器人操作的范围。它指定了机器人应该了解的意图、实体、槽和动作。除此之外，它还包含机器人可以表达的内容模板。

现在，你应该能了解我们为什么会在上述篇章中花了较多时间来介绍 Rasa 的核心概念，这样在接下来的编程实践中就更能如鱼得水。

来创建一个 YAML 格式的默认域文件。Rasa 使用.yml 文件定义域格式。

起初 YAML 被认为是"Yet Another Markup Language（另一种标记语言）"的缩写，描述了它作为标记语言的用途。但后来被理解为"YAML Ain't Markup Language（YAML 不是一种标记语言）"，一种递归缩写，表达了数据导向而非文档标记语言的用途。

现在，回到 rasa-nlu 的 Jupyter Notebook 目录，并开始创建文件。请注意，可以使用命令行将代码写入单独的文件中，并在编辑器中编辑它。我发现 Jupyter Notebook 有很好的交互性，能够轻松浏览文件。无论你喜欢哪个编辑器，请继续使用，但了解 Jupyter Notebook 提供的主要功能并不是一件坏事。

跳转到 horoscope_bot 主目录并创建文件，称为 horoscope_domain.yml。

以下是我们机器人的 horoscope_domain.yml 文件内容：

```yaml
slots:
    horoscope_sign:
        type: text
    DD:
        type: text
    MM:
      type: text
    subscribe:
        type: bool
intents:
    - greeting
    - get_horoscope
    - subscription
    - dob_intent
entities:
    - horoscope_sign
```

```yaml
    - DD
    - MM
    - subscribe
    - dob_intent
templates:
  utter_greet:
    - 'Hello! How are you doing today?'
  utter_ask_horoscope_sign:
    - 'What is your horoscope sign?'
  utter_ask_dob:
    - 'What is your DOB in DD-MM format?'
  utter_subscribe:
    - 'Do you want to subscribe for daily updates?'
actions:
 - utter_greet
 - utter_ask_horoscope_sign
 - utter_ask_dob
 - utter_subscribe
 - get_todays_horoscope
 - subscribe_user
```

Hello! How are you doing today?：你好！今天过得怎么样？
What is your horoscope sign?：你的星座是什么？
What is your DOB in DD-MM format?：你的生日是什么？请用 DD-MM 表示。
Do you want to subscribe for daily updates?：你想订阅每日更新吗？

正如你所见的，域文件由五个重要部分组成，分别是：意图、实体、槽、模板、动作，在之前的章节中已经讨论过这些内容。

请注意，对于每一个模板，都需要定义一个话术动作（utterAction），比如 utter_greet、utter_ask_horoscope_sign 和 utter_ask_dob，必须在模板部分中定义一个具有相同名称的模板。

从示例中可以看到，一共定义了五个动作，其中前三个动作仅用于向用户输出模板文本，后两个动作需要我们从数据库中检索数据或发起 API 调用，获得当天星座运势并返回给用户。

对于 subscribe_user 动作，需要我们将当前用户添加到数据库的订阅列表中。这种用户定义的动作称为自定义动作（custom actions）。为了设置自定义动作，需要编写动作被触发时需要机器人执行的操作。

在下一节中，将学习如何编写自定义操作。

为聊天机器人编写自定义动作

我们知道,当一个话术动作被触发时,机器人会将对应模板定义的语句文本返回给用户。但是当自定义动作被触发后会发生什么?在本节中,我们将编写 Python 代码创建自定义动作,可以实现 API 调用以及几乎所有使用 Python 可以执行的任意类型操作。

在项目目录下创建一个名为 actions.py 的文件(例如,在 horoscope_bot 文件夹中)。

```python
from __future__ import absolute_import
from __future__ import division
from __future__ import print_function
from __future__ import unicode_literals

import requests
from rasa_core_sdk import Action
from rasa_core_sdk.events import SlotSet

class GetTodaysHoroscope(Action):

    def name(self):
        return "get_todays_horoscope"
    def run(self, dispatcher, tracker, domain):
        # type: (Dispatcher, DialogueStateTracker, Domain) -> List[Event]

        user_horoscope_sign = tracker.get_slot('horoscope_sign')
        base_url = http://horoscope-api.herokuapp.com/horoscope/{day}/{sign}
        url = base_url.format(**{'day': "today", 'sign': user_horoscope_sign})
        #http://horoscope-api.herokuapp.com/horoscope/today/capricorn
        res = requests.get(url)
        todays_horoscope = res.json()['horoscope']
        response = "Your today's horoscope:\n{}".format(todays_horoscope)

        dispatcher.utter_message(response)
        return [SlotSet("horoscope_sign", user_horoscope_sign)]
```

Your today's horoscope:你今天的星座运势

可以看到,在 GetTodaysHoroscope 动作中有两个方法。第一个方法 **name** 仅返回当前动作的名称。另一个方法 **run**,如之前讨论的,通过执行业务代码最终完成任务。

在方法中，我们使用了一个开源的 API，该代码托管在 github 上（网址见链接列表 4.2 条目）。

API 的 URL 如下：

```
http://horoscope-api.herokuapp.com/horoscope/today/capricorn
```

将会返回如下 JSON 格式数据：

```
{
  "date" : "2018-08-29",
  "horoscope" : "You will be overpowered with nostalgia and may long to get
in touch with old pals. And as Ganesha says, chances are that you may
take a liking to your ex-lover, while simultaneously strengthening your
social standing. All in all, the day will be a productive one.",
  "sunsign" : "capricorn"
}
```

正如你所看到的，在 **run** 方法中，我们将 API 的响应转换为 Python 的 JSON 对象，并从 JSON 的 "horoscope" 关键字中获取真正的星座运势。从 JSON 中获得真正的星座运势后，我们将组装响应数据，并通过调度器（dispatcher）的 utter_message 方法返回给用户。

最后，我们将使用 SlotSet 方法设置槽。SlotSet 方法能够保存从用户响应中获得的变量，这样在对话流程里就可以随时在代码中使用到它们。

注意 使用上面的 API，我们可以通过提供特定的星座获取今天的星座运势。也可以自由地使用自己的 API 或者数据库。只需要将 API 调用替换成你想要使用的其他源。

与添加 GetTodaysHoroscope 动作类似，我们同样将 SubscribeUser 动作添加到 actions.py 文件中。我们不打算使用任何数据库存储用户的订阅设置，但是在为真实用户搭建一个聊天机器人时，可能需要 user_ids 属性来关联数据库中的订阅信息。

以下是 SubscribeUser 动作代码：

```python
class SubscribeUser(Action):
  def name(self):
    return "subscribe_user"
  def run(self, dispatcher, tracker, domain):
    # type: (Dispatcher, DialogueStateTracker, Domain) -> List[Event]
    subscribe = tracker.get_slot('subscribe')
  if subscribe == "True":
    response = "You're successfully subscribed"
```

```
if subscribe == "False":
    response = "You're successfully unsubscribed"
dispatcher.utter_message(respcnse)
return [SlotSet("subscribe", subscribe)]
```

```
True: 是
False: 否
You're successfully subscribed: 你已成功订阅
You're successfully unsubscribed: 你已成功取消订阅
```

类似上述操作，可以根据需要编写更多的动作。

下一步是数据。Rasa 的对话管理模型是基于用户和聊天机器人间真实的会话进行训练的。重要的是，这些会话需要被转化成故事格式。

故事（story）就是用户与聊天机器人直接的真实对话，用户的输入会被转化成意图和实体，机器人返回的响应会被视为机器人在被请求时应该触发的动作。

下表展示了如何将用户与聊天机器人间的真实对话表示成一个故事。

场景一

User	HoroscopeBot
hello there!	utter_greet
I want to know my horoscope for today	utter_ask_horoscope_sign
My sign is Capricorn	actions.gettodayshoroscope
Can you subscribe me for updates?	actions.subscribeuser

用户	星座机器人
你好！	utter_greet
我想要知道我今天的星座运势	utter_ask_horoscope_sign
我的星座是摩羯座	actions.gettodayshoroscope
可以帮我订阅每日星座运势吗？	actions.subscribeuser

场景二

User	HoroscopeBot
hello there!	utter_greet
I want to know my horoscope for today	utter_ask_horoscope_sign
I don't know my sign	utter_ask_dob
12-12	actions.gettodayshoroscope

用户	星座机器人
你好！	utter_greet
我想要知道我今天的星座运势	utter_ask_horoscope_sign
我不知道我是什么星座的	utter_ask_dob
12月12号	actions.gettodayshoroscope

目前我们的代码还没有覆盖用户不知道自己的星座但知道生日的场景。现在，需要修改代码，在无法找到 horoscope_sign 取值的时候获取 DATE 和 MONTH 实体。

可以使用 DD-MM 的值获取星座信息，然后显式地调用 GetTodaysHoroscope 方法或以这个方式训练模型。

训练机器人的数据准备

在进行任何类型的机器学习前，获取高质量的数据都是非常重要的。同样地，我们也需要数据来训练我们的聊天机器人。我们需要用户与聊天机器人之间的对话数据来训练我们的模型。有时，很难从网上找到适合我们需求的免费数据集。

我们应该花时间收集数据。可以请求好友或家人向我们提供他们会如何与你搭建的机器人进行交互的示例会话文本。有些人也会通过开发相关应用程序收集数据。因此，更好的数据，更好的模型，造就更优的聊天机器人响应。

在准备数据方面，Rasa 不遗余力地推出了一项名为**互动学习（interactive learning）**的酷炫功能。它能帮我们更简单地生成故事数据，同时基于我们不断添加的故事数据训练对话管理模型。可以称为实时机器学习训练。因此，当持续添加故事数据时，我们能够及时知道模型是否产出了正确的输出。更重要的是，当添加新的故事时，我们能够看出模型是在改进还是退化。在大多数情况下，模型都是在不断进步的，因为我们像在进行强化学习一样，不断告诉它应该遗忘或重点学习的地方——这和人类的学习模式是一样的。

构造故事数据

众所周知，故事数据就是用户与聊天机器人间会话的逻辑走向。通常，所有的聊天机器人都预设了将会帮助用户完成某一类事情，故事仅仅用于展示它们是如何完成这些事情的。

我们将准备一些符合 Rasa 格式的简单对话。这些对话是无状态的，也就是说它们将不依赖之前的对话。我们将使用人工构造的无状态故事进行互动学习。

来花几分钟的时间组织一些故事，以便我们更清楚故事数据创造的过程。

首先在 **data** 文件夹中创建一个名为 stories.md 的文件。

```
## story_001
* greeting
  - utter_greet
* get_horoscope
  - utter_ask_horoscope_sign
* get_horoscope{"horoscope_sign": "Capricorn"}
  - slot{"horoscope_sign": "Aries"}
  - get_todays_horoscope
  - utter_subscribe

## story_002
* greeting
  - utter_greet
* get_horoscope{"horoscope_sign": "Capricorn"}
  - slot{"horoscope_sign": "Cancer"}
  - get_todays_horoscope
  - utter_subscribe
* subscription
  - slot{"subscribe": "True"}
  - subscribe_user

## Horoscope query with horoscope_sign
* greeting
    - utter_greet
* get_horoscope
```

```
    - utter_ask_horoscope_sign
* get_horoscope{"horoscope_sign":"capricorn"}
    - slot{"horoscope_sign":"capricorn"}
    - get_todays_horoscope
    - slot{"horoscope_sign":"capricorn"}
    - utter_subscribe
* subscription{"subscribe":"True"}
    - slot{"subscribe":"True"}
    - subscribe_user
    - slot{"subscribe":true}

## Horoscope with sign provided
* greeting
    - utter_greet
* get_horoscope{"horoscope_sign":"leo"}
    - slot{"horoscope_sign":"leo"}
    - get_todays_horoscope
    - slot{"horoscope_sign":"leo"}
    - utter_subscribe
* subscription{"subscribe":"True"}
    - slot{"subscribe":"True"}
    - subscribe_user
    - slot{"subscribe":true}

## When user directly asks for subscription
* greeting
    - utter_greet
* subscription{"subscribe":"True"}
    - slot{"subscribe":"True"}
    - subscribe_user
    - slot{"subscribe":true}
```

Capricorn: 摩羯座
Aries: 白羊座
Cancer: 巨蟹座
Leo: 狮子座
True: 是
Horoscope query with horoscope_sign: 通过 horoscope_sign 查询星座
Horoscope with sign provided: 根据提供的星座查询星座运势
When user directly asks for subscription: 当用户直接要求订阅时

如果稍微花点时间仔细观察上面的这些故事，就不难明白设计它们的意义。前两个故事的差别在于，在第一个故事中用户没有主动提到自己的星座，机器人应该询问用户的星座并继续执行下去。

在第二个故事中，用户自己告知了星座并用订阅对话结束整个故事。我们已经添加了更多的故事用于覆盖更多的用例。你可以自由地在这个文件中添加自己的故事。

因此，故事基本上就是一些 markdown 格式的文件，我们可以基于上文示例中的 markdown 格式编写更多需要的故事。完全靠人力完成这件事是一项艰巨的任务。下面将尝试学习使用 Rasa 的**交互学习**（**interactive learning**）工具来生成更多类似的故事。

让我们开始吧。

交互学习

到目前为止，我们一直在讨论交互学习，但现在是时候编写一些代码来实现它。交互学习是 Rasa 最酷炫的功能之一，它使机器学习变得轻松、有趣。下面分两部分：第一部分，我们通过使用各种策略提供的初始数据集训练模型；第二部分，我们测试并纠正模型，以交互方式重新训练它。

训练聊天机器人代理模型

在主工程目录下创建一个名为 train_initialize.py 的文件。train_initialize.py 文件的内容如下：

```python
from __future__ import absolute_import
from __future__ import division
from __future__ import print_function
from __future__ import unicode_literals

from rasa_core import utils
from rasa_core.agent import Agent
from rasa_core.policies.keras_policy import KerasPolicy
from rasa_core.policies.memoization import MemoizationPolicy
from rasa_core.policies.sklearn_policy import SklearnPolicy

if __name__ == '__main__':
    utils.configure_colored_logging(loglevel="DEBUG")

    training_data_file = './data/stories.md'
    model_path = './models/dialogue'
    agent = Agent("horoscope_domain.yml",
```

```
        policies=[MemoizationPolicy(), KerasPolicy()])

training_data = agent.load_data(training_data_file)
agent.train(
    training_data,
    augmentation_factor=50,
    epochs=500,
    batch_size=10,
    validation_split=0.2
)
agent.persist(model_path)
```

这是我们在 train_initialize.py 文件中编写的代码。现在，在继续下一个代码文件之前，首先尝试理解代码的重要思想。

1. 引入了 __future__ 模块的一些方法。Future 语句在 Python 中有特殊的用法，它们会改变 Python 模块的解析方式，也会改变现有代码的执行结果。

   是不是很好奇？在 Python 编译器中尝试以下代码：

```
from __future__ import braces
```

2. 引入 rasa_core 模块中的 utils 方法来配置日志。

3. 引入代理模块中的代理类并创建一个代理对象。

4. 将 KerasPolicy、MemoizationPolicy 作为策略参数传递给代理类。

5. **configure_colored_logging**：utils.py 中定义的 Utility 方法，使用 Python 的 coloredlogs 包实现彩色日志。

6. **Agent**：Rasa 定义的类，提供使用 Rasa Core 最重要功能的接口，比如模型训练、消息处理、载入对话模型、获取下一个动作以及通道处理。

7. **load_data**：从给定的路径下载训练数据。

8. **train**：使用文件中提供的数据训练给定的策略集合。

9. **train_data**：load_data 方法的返回值。DialogueStateTracker 列表。这就是我们的训练数据文件。

10. **augmentation_factor**：告诉 Rasa 初始故事集中应该创建多少虚拟故事。该因子取值为 10 的倍数，用于表示训练数据生成器的启发增强次数。

11. **epochs**：一个 epoch 是对全部训练数据集的一次完整训练周期。数据训练正反向传递的总次数。
12. **batch_size**：表示一次训练的样本数目。对于 100 个样本，batch_size 为 10 的情况，需要花费 10 个 epoch 完成整个数据集的训练。
13. **validation_split**：验证模型无偏准确度的数据比例。
14. **persist**：这个方法用于将代理对象在指定的目录持久化以供复用。

此时，你应该对每个方法的作用以及代码中发生的事情非常清楚。

在执行这个脚本之前，确保已经安装了 rasa_core 库。

可以使用以下命令安装 rasa_core：

```
pip install rasa_core==0.11.1
```

如果按照本书的机器人示例进行操作，确认仅安装上述版本，因为 Rasa 可能不支持向下兼容。他们正在快速迭代提出新的、更优化的方法。

最新的 RASA_CORE

也可以从 github repo 安装最新版的 rasa_core。只需要在安装前执行以下命令，就能从 github 直接获取最新的代码。

```
git clone https://github.com/RasaHQ/rasa_core.git
    cd rasa_core
    pip install -r requirements.txt
    pip install -e .
```

尝试执行代码文件，根据给定的参数训练模型。

```
$python train_initialize.py
```

也可以通过 Jupyter Notebook 的魔术命令（magic command）来执行这段脚本，如下所示：

```
!python train_initialize.py #Use python3 if you have installed rasa for python3
```

（Use python3 if you have installed rasa for python3：如果已经安装了 python3，请使用 python3 版本）

使用我们这么小的数据集训练模型大概需要 25~30 秒的时间。我在策略列表中添加了 SklearnPolicy，与 MemorizationPolicy 和 KerasPolicy 一起来训练模型。不同的策略有不同的优点。了解更多策略相关信息有助于找到更适合你的用例的策略；对于我的数据集，有时 SklearnPolicy 会比 KerasPolicy 表现得更好。

脚本执行完毕后，将会看到如下成功信息：

```
2018-08-30 04:24:31 INFO     rasa_core.policies.keras_policy - Done fitting
keras policy model
2018-08-30 04:24:31 INFO     rasa_core.featurizers - Creating states and
action examples from collected trackers (by MaxHistoryTrackerFeaturizer)...
Processed trackers: 100%|▇▇▇▇▇▇▇▇| 96/96 [00:00<00:00,
898.31it/s, # actions=75]
2018-08-30 04:24:31 INFO     rasa_core.featurizers - Created 75 action
examples.
2018-08-30 04:24:31 INFO     rasa_core.policies.sklearn_policy - Done
fitting sklearn policy model
2018-08-30 04:24:31 INFO     rasa_core.agent - Model directory models/nlu
exists and contains old model files. All files will be overwritten.
2018-08-30 04:24:31 INFO     rasa_core.agent - Persisted model to
'/Users/sumit/apress_all/Chapter IV/horoscope_bot/models/nlu'
```

还可以找到根据模型名称创建的几个文件夹。确保在脚本中的 model_path 下有这些文件夹。以下是我的 model_path 文件夹中包含的文件夹和文件列表。

```
policy_0_MemoizationPolicy
policy_1_KerasPolicy
policy_2_SklearnPolicy
domain.json
domain.yml
Policy_metadata.json
```

如果确认模型已经成功执行完毕并被保存在本地系统中，那么将可以开始执行下一步的交互训练。

实时强化训练

在本节中，我们将编写更多代码来训练对话模型，并在它给出错误输出时重新进行训练。

因此，当机器人做错了，要立即介入并告知它正确的结果，让模型知道它的预测是错误的。不必停下来，模型会重新训练，一旦完成，用户与机器人的交互会被记录到文件并添加到现有的训练数据中。每一步都像一个反馈系统，而不是等待最终的单一奖励。

下一步是使用以下内容创建一个新文件 endpoints.yml。我们将会在 Python 代码文件

train_online.py 中使用它。通过这个配置，可以将 Rasa 方法发布为 HTTP API。

```
action_endpoint:
  url: http://localhost:5055/webhook

#nlg:
#  url: http://localhost:5056/nlg
core_endpoint:
  url: http://localhost:5005
```

现在，创建 train_online.py 文件以进行在线/交互训练。

```python
from __future__ import absolute_import
from __future__ import division
from __future__ import print_function
from __future__ import unicode_literals
import logging
from rasa_core import utils, train
from rasa_core.training import online
from rasa_core.interpreter import NaturalLanguageInterpreter
logger = logging.getLogger(__name__)
def train_agent(interpreter):
    return train.train_dialog_model(domain_file="horoscope_domain.yml",
                                    stories_file="data/stories.md",
                                    output_path="models/dialog",
                                    nlu_model_path=interpreter,
                                    endpoints="endpoints.yml",
                                    max_history=2,
                                    kwargs={"batch_size": 50,
                                            "epochs": 200,
                                            "max_training_samples": 300
                                            })
if __name__ == '__main__':
    utils.configure_colored_logging(loglevel="DEBUG")
    nlu_model_path = "./models/nlu/default/horoscopebot"
    interpreter = NaturalLanguageInterpreter.create(nlu_model_path)
    agent = train_agent(interpreter)
    online.serve_agent(agent)
```

max_history 是模型需要跟踪的状态数量。

在开始运行最终脚本 train_online.py 前，需要了解 rasa-nlu-sdk 的相关知识。

rasa-nlu-sdk

Rasa NLU Stack 提供了 rasa-nlu-sdk,一个 Python SDK,用于开发 Rasa Core 自定义动作。以我们的聊天机器人作为例子,需要定义一些自定义动作,比如调用 API 获取今日星座运势,以及将用户的订阅信息写入数据库。

为此提供了一个单独的库,可以通过 pip 进行安装。

使用下面的命令进行安装:

```
pip install rasa-core-sdk==0.11.0
```

现在,需要在终端中打开一个新的选项卡,或打开一个新的命令行,并在项目目录(actions.py 文件所在的位置)下执行以下命令:

```
python -m rasa_core_sdk.endpoint --actions actions
INFO:__main__:Starting action endpoint server...
INFO:rasa_core_sdk.executor:Registered function for 'get_todays_horoscope'.
INFO:rasa_core_sdk.executor:Registered function for 'subscribe_user'.
INFO:__main__:Action endpoint is up and running. on ('0.0.0.0', 5055)
```

这个命令将会启动一个动作服务器,服务器会监听模型预测的所有自定义动作。一旦任意一个动作被触发,它将执行对应的动作并根据相关方法给予响应。

动作服务器在 localhost 上的默认端口是 5055。如果想要修改默认端口,可以在命令中添加 --port 参数。

一个问题快速浮现在我的脑海:为什么?为什么我需要一个单独的服务器?为什么不能用 Python 来实现?是的,我们可以使用 Python,但是想象一下你已经使用别的语言开发了需要的动作,或者你的动作已经发布成 API。现在,只需要打开之前创建的 endpoints.yml 文件,写清楚哪里需要使用到你的动作服务器以及 core_endpoint 服务器的地址。在产品系统中,它们可以是拥有不同 URL 地址的不同服务器。

在执行涉及上述 endpoints.yml 文件的下一个脚本时,Rasa 会读取文件并获得 action_server 的配置。之前配置的 action_server 已经启动并正常运行。

```
action_endpoint:
    url: http://localhost:5055/webhook
```

在一个新的命令行终端中运行 train_online.py。

```
$python3 train_online.py
```

成功训练对话模型后，会得到如下消息：

```
2018-08-30 07:09:37 INFO     rasa_core.policies.keras_policy - Done
fitting keras policy model
2018-08-30 07:09:37 INFO     rasa_core.agent - Model directory models/nlu
exists and contains old model files. All files will be overwritten.
2018-08-30 07:09:37 INFO     rasa_core.agent - Persisted model to '/Users/
sumit/apress_all/Chapter IV/horoscope_bot/models/nlu'
2018-08-30 07:09:37 INFO     rasa_core.training.online - Rasa Core server
is up and running on http://localhost:5005
Bot loaded. Type a message and press enter (use '/stop' to exit).
127.0.0.1 - - [2018-08-30 07:09:37] "GET /domain HTTP/1.1" 200 996 0.001847
```

现在，可以与刚创建的机器人开始聊天了。从现在开始，它的表现完全取决于你对它的训练。如果它返回了错误的或意料外的响应，你可以纠正它。

尝试一下，看看它是否有所改善。

输入"Hi"作为第一条消息，机器人返回如下信息：

```
Chat history:
    bot did: action_listen
    user said: hi
    whose intent is: {'confidence': 0.8472929307505297, 'name': 'greeting'}
we currently have slots: DD: None, MM: None, horoscope_sign: None,
subscribe: None
-----
The bot wants to [utter_greet] due to the intent. Is this correct?

    1.  Yes
    2.  No, intent is right but the action is wrong
    3.  The intent is wrong
    0.  Export current conversations as stories and quit
```

```
The bot wants to [utter_greet] due to the intent. Is this correct?

    1.  Yes
    2.  No, intent is right but the action is wrong
    3.  The intent is wrong
    0.  Export current conversations as stories and quit
```
基于上述意图机器人将执行 [utter_greet]。是否正确？
    1. 正确
    2. 不正确，意图正确但动作错误
    3. 意图错误

```
    0. 将当前对话导出为故事并退出
```

现在,机器人基于用户所说的话以及它的理解,告诉我它做了什么。机器人还为我们提供了四个选项。稍后将谈到这一点。

这里 **bot_did** 是 action_listen 的意思,它只是在等待用户输入内容。

机器人预测的意图是 *{'confidence': 0.8472929307505297, 'name': 'greeting'}*,这个意图是正确的,所以我们输入 1,表示机器人的理解是正确的,并且尝试在做对的事情。

输入 1

```
Chat history:
    bot did: action_listen
    user said: hi
    whose intent is: {'confidence': 0.8472929307505297, 'name': 'greeting'}
    bot did: utter_greet

we currently have slots: DD: None, MM: None, horoscope_sign: None,
subscribe: None
-----
The bot wants to [action_listen]. Is this correct?
    1. Yes.
    2. No, the action is wrong.
    0. Export current conversations as stories and quit
```

```
The bot wants to [action_listen]. Is this correct?
    1. Yes.
    2. No, the action is wrong.
    0. Export current conversations as stories and quit
```
机器人将执行 [action_listen]。是否正确?
    1. 正确
    2. 不正确,动作错误
    0. 将当前对话导出为故事并退出

现在,我们的机器人至少能够正常地与用户打招呼。通过观察上述响应的内容,你实际上可以了解到我们的机器人执行了哪些操作。在训练过程中,我们跟踪到所有的这些信息。

```
bot did: utter_greet
```

现在,机器人下一件事情是等待并监听用户将要说的内容(即等待用户输入)。这是正确的吗?是的,这是正确的,所以我们再次输入 1,机器人向用户发出提示。

输入："What's my horoscope for today（我今天的星座运势是什么）？"

```
Chat history:
    bot did: action_listen
    user said: hi
            whose intent is: {'confidence': 0.8472929307505297, 'name':
            'greeting'}
    bot did: utter_greet
    bot did: action_listen
    user said: what's my horoscope for today?
            whose intent is: {'confidence': 0.8902154738608781, 'name':
            'get_horoscope'}
we currently have slots: DD: None, MM: None, horoscope_sign: None,
subscribe: None
------
The bot wants to [utter_ask_horoscope_sign] due to the intent. Is this
correct?
    1. Yes
    2. No, intent is right but the action is wrong
    3. The intent is wrong
    0. Export current conversations as stories and quit
```

```
The bot wants to [utter_ask_horoscope_sign] due to the intent. Is this
correct?
    1. Yes
    2. No, intent is right but the action is wrong
    3. The intent is wrong
    0. Export current conversations as stories and quit
基于上述意图机器人将执行 [utter_ask_horoscope_sign]。是否正确？
    1. 正确
    2. 不正确，意图正确但动作错误
    3. 意图错误
    0. 将当前对话导出为故事并退出
```

现在，机器人非常正确地识别出当前是"get_horoscope"意图，置信度为 89%，这很高了。机器人还提到它想要执行 **utter_ask_horoscope_sign**。这也是正确的，因为用户到目前为止并没有提及自己的星座信息，如上所示槽值仍是 None。

我们再次输入 1。

```
Chat history:
    bot did: action_listen
```

```
    user said: hi
    whose intent is: {'confidence': 0.8472929307505297, 'name': 'greeting'}
    bot did: utter_greet
    bot did: action_listen
    user said: what's my horoscope for today?
    whose intent is: {'confidence': 0.8902154738608781, 'name':
'get_horoscope'}
    bot did: utter_ask_horoscope_sign
we currently have slots: DD: None, MM: None, horoscope_sign: None,
subscribe: None
-----
```

```
The bot wants to [action_listen]. Is this correct?
    1. Yes.
    2. No, the action is wrong.
    0. Export current conversations as stories and quit
机器人将执行 [action_listen]。是否正确？
    1. 正确
    2. 不正确，动作错误
    0. 将当前对话导出为故事并退出
```

这里，机器人询问是否需要等待用户输入。答案是肯定的，用户需要提供他的星座信息。

我们再次输入 1。当提示我们输入星座时，输入"Capricorn（摩羯座）"。

```
Chat history:
    bot did: action_listen
    user said: hi
    whose intent is: {'confidence': 0.8472929307505297, 'name': 'greeting'}
    bot did: utter_greet
    bot did: action_listen
    user said: what's my horoscope for today?
    whose intent is: {'confidence': 0.8902154738608781, 'name': 'get_horoscope'}
    bot did: utter_ask_horoscope_sign
    bot did: action_listen
    user said: Capricorn
    whose intent is: {'confidence': 0.8456705103362621, 'name':
'get_horoscope'}
    with horoscope_sign: capricorn
we currently have slots: DD: None, MM: None, horoscope_sign: capricorn,
subscribe: None
-----
```

```
The bot wants to [get_todays_horoscope] due to the intent. Is this correct?
    1. Yes
    2. No, intent is right but the action is wrong
    3. The intent is wrong
    0. Export current conversations as stories and quit
```

```
The bot wants to [get_todays_horoscope] due to the intent. Is this correct?
    1. Yes
    2. No, intent is right but the action is wrong
    3. The intent is wrong
    0. Export current conversations as stories and quit
基于上述意图机器人将执行 [get_todays_horoscope]。是否正确?
    1. 正确
    2. 不正确,意图正确但动作错误
    3. 意图错误
    0. 将当前对话导出为故事并退出
```

正如我们所看到的,horoscope_sign 的槽值被自动设置成"**Capricorn**(摩羯座)"。

下一步是教机器人调用 **get_todays_horoscope** 并执行 **get_todays_horoscope** 的动作。现在我们在 horoscope_domain.yml 文件定义的槽位 horoscope_sign 已经被设置好具体的取值了。因此当这个动作再次被调用,机器人将返回指定星座的今日运势。我们试试吧。

输入"**Capricorn**(摩羯座)"。

根据我们在自定义动作内的设置,机器人将会命中动作服务器的 endpoint 并把结果返回给用户。

```
你的今日星座运势是:
从失败到成功的旅途是乐观的。Ganesha 说,你今天将非常开朗——关于你的工作、未来以及任何能够引领你走向成功的事情。在处理日常事务时,你将会非常小心,并将充分利用每一个让你离目标更进一步的机会。实现梦想需要决心和运气,而你今天都有。
```

结果似乎是正确的,因为我错过了完成本章的截止时间,现在已经是早上 6 点了,但我还没有去睡觉。尽一切努力让你花费在本书的钱值得。

好的,回到正题,看看我们的机器人下一步将会做什么。

```
The bot wants to [action_listen]. Is this correct?
    1. Yes.
    2. No, the action is wrong.
    0. Export current conversations as stories and quit
```

机器人将执行 [action_listen]。是否正确？
    1. 正确
    2. 不正确，动作错误
    0. 将当前对话导出为故事并退出

也许我们并不希望机器人在说完今日运势后等待用户输入。我们希望机器人建议用户订阅每日更新，就像会话脚本以及之前创建的故事里设计的一样。

因此，将输入 2，然后机器人输出：

```
what is the next action for the bot?
机器人的下一个动作应该是什么？
        0                      action_listen    1.00
        1                      action_restart   0.00
        2              action_default_fallback   0.00
3              utter_greet 0.00
4 utter_ask_horoscope_sign 0.00
5         utter_ask_dob 0.00
6        utter_subscribe 0.00
7   get_todays_horoscope 0.00
8          subscribe_user 0.00
```

由于我们希望用户订阅，应该输入 6 以便机器人询问用户是否想要订阅每日更新。

机器人回复："Do you want to subscribe for daily updates（你想要订阅每日更新吗）？"

现在机器人输出：

```
The bot wants to [get_todays_horoscope]. Is this correct?
1. Yes.
2. No, the action is wrong.
0. Export current conversations as stories and quit
机器人将执行 [get_todays_horoscope]。是否正确？
1. 正确
2. 不正确，动作错误
0. 将当前对话导出为故事并退出
```

这个动作是不正确的，因此我们输入 2，并训练机器人在这里应该执行等待用户输入的动作。

```
机器人的下一个动作应该是什么？
0             action_listen     0.21
1             action_restart    0.01
2 action_default_fallback       0.01
```

```
3           utter_greet              0.21
4 utter_ask_horoscope_sign           0.51
5         utter_ask_dob              0.01
6       utter_subscribe              0.02
7   get_todays_horoscope             0.78
8         subscribe_user             0.22
```

机器人正在等待确认正确的下一步操作，此时我们应该输入 0。通过交互式学习的处理，机器人知道现在需要等待用户的输入。

用户在这里说，"Please subscribe me（请帮我订阅）"，我们的机器人成功地以约 80%的置信度识别出这是一个订阅意图，同时根据我们在 data.json 中的训练数据，机器人很容易能够理解用户的要求是订阅而不是取消订阅。换句话说，它将订阅的槽值设置为"True"，如下所示：

```
user said: Please subscribe me
whose intent is: {'confidence': 0.795172441763619, 'name':
'subscription'}
with subscribe: True

we currently have slots: DD: None, MM: None, horoscope_sign: capricorn,
subscribe: True
```

现在，我们的机器人已经理解了这个意图并解析出其中的实体，是时候回复用户，"你已经成功订阅"。没错，我们从机器人那里收到以下消息：

```
You're successfully subscribed
你已经成功订阅
```

就是这样！你已经可以成功搭建自己的内部聊天机器人。作为练习，建议你添加我们在星座机器人讨论过的所有用例，看看是否能正常工作。当所做的一切都运作良好时，尝试添加更多的用例和更多的功能。

你可以添加更多的话术消息，让机器人在对话完成后说，"Goodbye, have a good day（再见，过得愉快）"。我坚信你能够做到这一点。确保完成这项任务，让我们知道这是否对你的机器人有效。

现在，最后一步就是将所有学习反馈给用户，这样就不必再次使用同样的故事进行训练，机器人会尝试从当前已有的和以后更多的故事中进行学习。

将对话导出成故事

交互学习的下一步就是输入 0，将当前的对话导出成故事并退出。

输入 0，机器人将出现这样的提示：

```
File to export to (if file exists, this will append the stories) [stories.md]:
```

文件被导出到（如果文件已存在，将进行故事的添加）[stories.md]：

请输入文件名 **stories.md**，如果以其他名字命名文件，请确保提供了正确的文件名。

Rasa 为我们做了很多工作，并且自动生成了一个 stories.md 文件，如下所示：

```
## Generated Story 3797421409943253925
* greeting
    - utter_greet
* I want to know my horoscope
    - utter_ask_horoscope_sign
* get_horoscope
## Generated Story 7304374603374920907
* greeting
    - utter_greet
* what is my todays horoscope?
    - utter_ask_horoscope_sign
* Cancer
## Generated Story -6877464862083507836
* greeting
    - utter_greet
* get_horoscope
    - utter_ask_horoscope_sign
* get_horoscope{"horoscope_sign":"capricorn"}
    - slot{"horoscope_sign":"capricorn"}
    - get_todays_horoscope
    - slot{"horoscope_sign":"capricorn"}
    - utter_subscribe
* subscription{"subscribe":"True"}
    - slot{"subscribe":"True"}
    - subscribe_user
    - slot{"subscribe":true}
```

你可以将训练模型的故事文件替换成上述文件，或者把新生成的故事复制粘贴到我们原始的 stories.md 文件中。现在，我将把这些故事复制粘贴到原来的 stories.md 文件中。确保在测试或交互学习前再次运行模型。

测试机器人

测试机器人是交互学习的一部分。我们将继续检查最初为机器人预设的所有场景并进行相应的训练。我测试了星座机器人的部分场景并有针对性地进行训练。以下是其中一个场景,与本章前面的内容略有不同。

测试用例一

进行第一个测试:

User: Hello there!

HoroscopeBot: Hello! What can I do for you?

User: What's the horoscope for Capricorn today?

HoroscopeBot: Your today's horoscope:

用户: 你好!

星座机器人: 你好!我可以帮你做点什么?

用户: 摩羯座今天的星座运势怎么样?

星座机器人: 你今天的星座运势是:

从失败到成功的旅途是乐观的。Ganesha 说,你今天将非常开心——关于你的工作、未来以及任何能够带领你走向成功的事情。在处理日常事务时,你将会非常小心,并充分把握每一个让你离目标更进一步的机会。实现梦想需要决心和运气,而你今天两样都有。

HoroscopeBot: Do you want to subscribe for daily updates?

User: Please subscribe me.

HoroscopeBot: You're successfully subscribed.

星座机器人: 你想要订阅将每日星座运势吗?

用户: 请帮我订阅。

星座机器人：订阅成功。

正如在用户与聊天机器人的对话中所见，我们测试了用户在询问星座运势时主动提供星座信息的场景。机器人在这个场景下运行良好，同时在结束时询问是否需要订阅，并根据用户的答复采取适当的措施。

应该对机器人对话进行健全的测试，确保正常流程不会出现问题。

我还测试了在 stories.md 文件中提到的故事：当一个用户直接要求订阅时，机器人也能够正常处理。

测试用例二

现在是第二个测试：

User: Hi

HoroscopeBot: Hello! What can I do for you?

User: Subscribe me please for daily updates.

HoroscopeBot: You're successfully subscribed.

用户：你好

星座机器人：你好！我可以帮你做点什么？

用户：请帮我订阅每日更新。

星座机器人：订阅成功。

我还将添加一些新的故事，以便机器人能够完美地工作。但到目前为止，我们已经拥有一个功能完备的机器人。在 GitHub 第二版的代码中，你还会发现机器人能够纠正星座的拼写错误、根据用户的生日计算星座、向用户告别等。强烈建议你下载代码，了解实现逻辑并给予反馈。但在此之前，请先自己考虑一下实现方式以及需要进行哪些修改。我们故意在本章中省略了其他用例的代码，以便你能够专注于学习技巧，而不会被过多的信息所迷惑。

可以从我们的 GitHub repo 中下载最新版的 Python 代码和 Jupyter Notebooks，并尝试安装正确的软件包运行它。在代码中，还可以找到更多本章讨论过的用例。

总结

在本章中，我们了解了 Rasa-NLU 以及 Rasa-NLU 优于市场上其他开源工具的原因，学习了如何使用 tensorflow、sklearn 和 keras 配置管道。

我们学习了在本地系统中从头开始搭建所有内容，不依赖其他提供 API 的服务，比如 Dialogflow、wit.ai 等。

还学习了如何创建故事以及如何训练 NLU 模型和对话模型，并利用它们使用 Rasa Core 最酷炫的功能——交互学习，训练机器人。还学到一种创建训练数据的简易方式，并在 rasa-nlu-trainer 等开源工具的帮助下极其简便地进行解析。希望对你来说本章的内容相对于其他章节更具互动性。如果你仍没有成就感，那么就请为下一章做好准备。在下一章中，我们将真正地把机器人带到观众面前，向所有人展示它的能力。还将学习使用我们自己的 Web 服务器，把本章的聊天机器人集成到 Facebook 和 Slack 等平台上。

继续训练机器人，下一章将把它发布到现实世界中。

下一章见。

第 5 章
部署自己的聊天机器人

在本章中，我们将会学习如何把聊天机器人部署到网页上。人们可以通过多种方式和渠道将聊天机器人网页应用向外界发布。例如，可以将带有 NLU 模块和对话模型的 HoroscopeBot 部署在 Facebook 和 Slack 上，它们已经提供了相应的用户界面来完成这项任务。你可能还希望在个人服务器上运行自己的网页应用。在本章末尾，还将探索如何编写自己的用户界面，并在个人服务器上部署聊天机器人。

前提条件

首先要做的是为你在第 4 章中完成的聊天机器人创建一个副本，并且再创建一个新的副本进行备份。因为我们会改动代码增加一些新的内容，所以把两个项目分隔开相互不影响。

因此，我创建了一个新的文件夹"**Chapter V**"，并把 horoscope_bot 文件夹复制过去。于是，现在所有的模型文件、数据集和代码文件都复制好了，可以直接用它们进行部署。

Rasa 的凭据管理

Rasa 提供了一种统一管理所有凭据（credential）的方法。你可能只有一个模型，但希望将它部署在 Facebook、Slack、Teleg 等不同的平台上。所有的这些第三方平台在连接的时候都会使用到凭据。这些凭据被存储在名为 *credentials.yml* 的 YAML 文件上。

在项目目录的 *horoscope_bot* 文件夹里创建一个命名为 *credentials.yml* 的文件，并把 Facebook 的凭据添加到里面。如果还不知道怎么获得这些凭据，那就暂时先创建文件，在下一节可以找到对应的方法。

credentials.yml 文件里的内容大概是这样子的：

```
facebook:
  verify: "horoscope-bot"
  secret: "bfe5a34a8903e745e32asd18"
  page-access-token: "HPaCAbJJ1JmQ7qDedQKdjEAAbO4iJKr7H9nx4rEBAAuFk4Q3g
  PQcNT0wtD"
```

这些都是虚拟凭据；你的 Facebook 应用的令牌长度和字符类型可能会有差异。

如果你正在开发一个大型项目，需要把聊天机器人集成到不同的平台上，并且希望项目能够易于维护，那么请充分利用 *credentials.yml*。如果你是在开发商业应用并且尝试把聊天机器人搭建到 Facebook、Slack、Twitter、Telegram 或者个人网站等不同的平台上，强烈建议你维护一个 *credentials.yml* 文件。这样管理密钥和密码会更容易。

管理应用级密钥的一个好方法，是将密钥存储为环境变量，然后编写代码从操作系统环境变量中读取密钥或者其他敏感信息。请记住，在代码中保留任何密钥信息从来不是一个好主意。

你还可以在服务器上创建一个点(.)env 文件，然后从这个文件中读取密钥信息，这样代码里就不会涉及任何密钥信息。

简单起见，我们将在独立脚本里使用访问密钥（access keys）和私有密钥（secret keys）进行部署。整个流程简单易懂，以便你可以先成功搭建一个聊天机器人，然后尝试去扩展它，并且最重要的是你可以考虑安全级别的问题。

如果需要在多个平台上部署聊天机器人，并且希望使用 *credentials.yml* 来维护不同的凭据，那么你可以通过传递额外参数的形式来使用它。例如想要在运行 rasa core 时使用上述凭据文件 *credentials.yml*，可以使用以下的命令行：

```
python -m rasa_core.run -d models/dialogue -u models/nlu/current
--port 5002 --credentials credentials.yml
```

了解更高要求的企业级聊天机器人的部署方式是有好处的，但正如上面讨论过的，在接下来的例子中我们会直接在脚本里使用这些凭据。

在 Facebook 上部署聊天机器人

在本节，我们首先会在云上使用 Heroku 部署聊天机器人。Heroku 属于平台即服务（PaaS），开发人员可以完全在云上构建、运行和操作应用。Heroku 的好处是我们可以很容易地让应用程序在 https 上运行。在学习和测试聊天机器人时，不需要购买 SSL 证书。需要 https 的原因是，Facebook 等平台不允许开发人员使用非 https 的网址作为回调网址。

下面会遵循一系列步骤把聊天机器人成功部署成为云上的网络服务。一旦成功地做到了这一点，那再把它集成到 Slack、Telegram 等不同的平台将变成一件容易的事情。所以，让我们开始吧。

在 Heroku 上创建一个应用

登录 Heroku，创建一个应用，把它命名为"******-actions"，因为这将会是我们的动作服务器应用程序（actions server app）。看一下图 5-1 中的屏幕截图，可以为动作服务器指定一个唯一的名字，这个名字需要能被 Heroku 接受。只要这个名字未被占用，就可以单击 Create app（创建应用程序）按钮创建一个动作服务器应用程序。

如果开始选的名字被占用了，可以尝试各种各样的新名字，但尽量尝试使用有意义的名字。

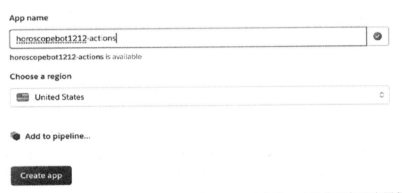

图 5-1　使用名字 horoscopebot1212-actions 在 Heroku 上创建一个动作服务器应用程序

在本地系统中安装 Heroku

在本地操作系统上安装 Heroku CLI。参考这个链接：网址见链接列表 5.1 条目。

如果使用的是 macOS 系统，可以使用下面的命令：

```
brew install heroku/brew/heroku
```

在 Facebook 上创建和设置应用程序

为了能够在 Facebook 上部署聊天机器人，首先需要获得 Facebook 应用程序的凭据。需要设置好 Facebook 的应用程序和相关页面来获得这些凭据，和第 3 章里的做法类似。

1. 登录网站（网址见链接列表 5.2 条目），如果不存在已有的应用程序，那么就先创建一个。曾经给 OnlineEatsBot 创建过一个应用程序，现在再给 HoroscopeBot 创建一个。输入详细信息并单击"Create App ID（创建应用程序 ID）"按钮。参考图 5-2 输入机器人的展示名称和电子邮箱信息。

图 5-2　在 Facebook 上为开发人员创建一个应用程序

2. 一旦创建好了应用程序，找到 Settings（设置）里的 Basic（基本）一栏，单击 App Secret（App 密钥）下的 Show（展示）按钮。这就是 *fb_secret*。可以参考图 5-3 获得你的 *fb_secret*。

图 5-3　从 Facebook 应用程序上获得 App 密钥

1. 进入应用程序的控制面板，下滑到"Add a Product（增加一个产品）"的位置，单击"Add Product（增加产品）"按钮，然后通过单击 Set Up（设置）按钮增加一个 Messenger（信使）。参考图 5-4。

图 5-4　在 Facebook 应用程序上增加一个 Messenger

4. 在 Messenger 的设置项里，当下滑到 Token Generation（生成令牌）栏目时，你就可以获得一个为应用程序创建新页面的链接。创建一个新页面，或者从"Select a Page（选择页面）"里选择一个页面。这里的"Page Access Token（页面访问令牌）"里就是你的 *fb_access_token*。参考图 5-5。

可以通过下面的链接为你的机器人项目创建一个全新的页面：网址见链接列表 5.3 条目

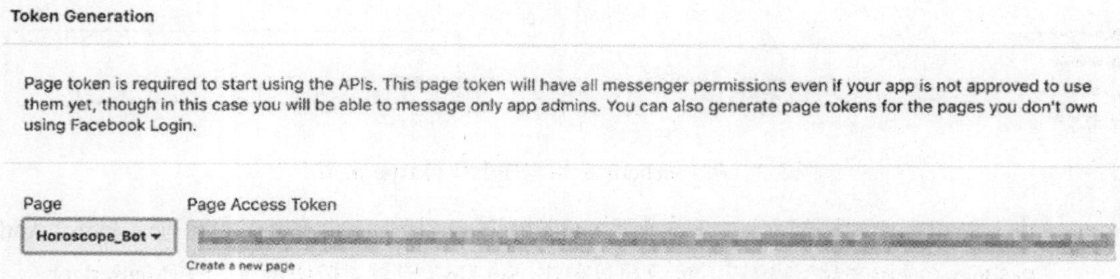

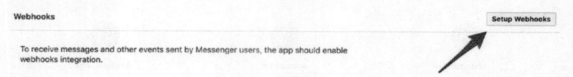

图 5-5　为 Facebook Messenger 应用程序创建令牌

5. 就在 Token Generation（生成令牌）栏目的下面，找到 Webhooks 栏目，单击"Setup Webhooks（设置 Webhooks）"按钮。参考图 5-6。

图 5-6　设置 Facebook 的 Webhooks

6. 下一步，选择一个验证令牌（verify token），稍后会使用到。验证令牌可能是任意的随机字符串。这就是 *fb_verify*。查看图 5-7 以了解在 Facebook 应用程序中添加验证令牌的位置。现在，保持 callback URL（回调地址）一栏为空。不要关闭浏览器，放着在那就好，稍后回来处理。

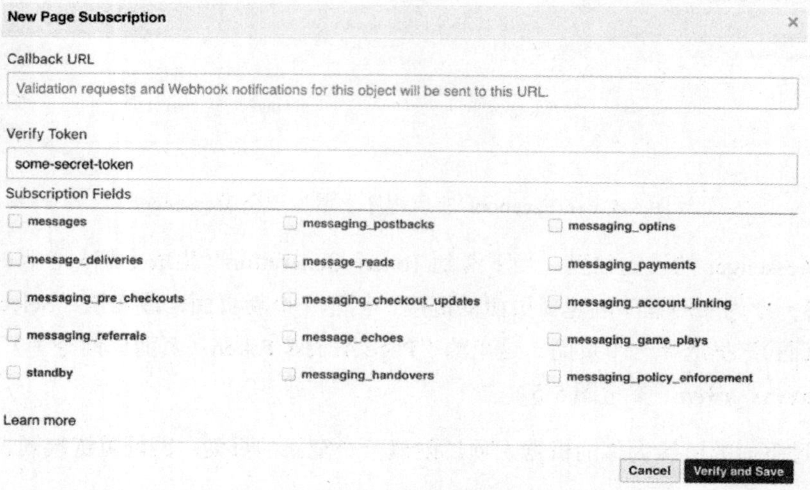

图 5-7　增加验证令牌

7. 保管好 *fb_verify*、*fb_secret* 和 *fb_access_token*，将机器人连接到 Facebook 时需要这些信息。

在 Heroku 上创建和部署 Rasa 动作服务器应用程序

在这一节中，我们将使用 Heroku 动作应用程序作为 Rasa 动作服务器。因为我们不能在单个 Heroku 应用程序上运行两个网页应用，需要有两个不同的应用程序。打开命令行并在项目目录下执行以下的命令集合：

1. 创建一个命名为 *actions_app* 的文件夹，并进入这个文件夹：

```
mkdir actions_app
cd actions_app
```

2. 从主项目中复制 actions.py 到 *actions_app* 文件夹内。

3. 创建一个包含以下内容的文件 requirements.txt。该文件用于指定 Heroku 应用程序安装哪些特定版本的软件包。

```
rasa-core-sdk==0.11.0
requests==2.18.4
```

4. 创建一个包含以下内容的文件 Procfile。该文件用于指定 Heroku 的执行内容以启动应用程序。

```
web: python -m rasa_core_sdk.endpoint --actions actions --port $PORT
```

a）运行以下命令：

```
$ heroku login
$ git init
$ heroku git:remote -a <your-heroku-app-name>
$ heroku buildpacks:set heroku/python
$ heroku config:set PORT=5055
$ git add .
$ git commit -am "deploy my bot"
$ git push heroku master
```

执行完最后一个命令的时候，Heroku 将根据 requirements.txt 文件安装我们所需的所有软件包。如果应用程序部署成功了，那么可以看到类似的输出日志：

```
remote:
remote: -----> Discovering process types
```

```
remote:          Procfile declares types -> web
remote:
remote: -----> Compressing...
remote:          Done: 48.3M
remote: -----> Launching...
remote:          Released v4
remote:          https://horoscopebot1212-actions.herokuapp.com/ deployed to Heroku
remote:
remote: Verifying deploy... done.
To https://git.heroku.com/horoscopebot1212-actions.git
 * [new branch]      master -> master
```

现在，来验证一下我们的应用程序能不能对公共请求做出响应。为此，把"webhook"添加到应用程序的 URL 后。

在例子里，应用程序 url 地址见链接列表 5.4 条目，我会通过它去检查动作服务器是否能做出响应。

更改后的 url 地址见链接列表 5.5 条目，打开后页面显示"方法不被允许（method not allowed）"，如图 5-8 所示。这种情况是完全正常的，这是对用户请求的正确响应。

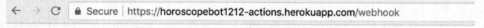

Method Not Allowed
The method is not allowed for the requested URL.

图 5-8　验证动作服务器终端

创建 Rasa 聊天机器人 API 应用程序

在这一步中，我们将遵循刚才操作过的类似步骤和命令，重新创建一个新的应用程序，用来进行对话管理。那么，开始操作吧。首先回到主目录（也就是 horoscope_bot），然后创建一个文件（命名为 **Procfile**），并在里面添加如下内容：

```
web: python -m spacy download en && python facebook.py
```

创建一个用于 Facebook Messenger 聊天机器人的独立脚本

在同一项目目录中创建 *facebook.py* 文件。这个 Python 文件的内容如下。

```
from rasa_core.channels.facebook import FacebookInput
from rasa_core.agent import Agent
from rasa_core.interpreter import RasaNLUInterpreter
import os
from rasa_core.utils import EndpointConfig
# load your trained agent
interpreter = RasaNLUInterpreter("models/nlu/default/horoscopebot/")
MODEL_PATH = "models/dialog"
action_endpoint = EndpointConfig(url="https://horoscopebot1212-actions.
herokuapp.com/webhook")
agent = Agent.load(MODEL_PATH, interpreter=interpreter)
input_channel = FacebookInput(
        fb_verify="YOUR_FB_VERIFY_TOKEN",
        # you need tell facebook this token, to confirm your URL
        fb_secret="YOUR_FB_SECRET",  # your app secret
        fb_access_token="YOUR_FB_ACCESS_TOKEN"
        # token for the page you subscribed to
)
# set serve_forever=False if you want to keep the server running
s = agent.handle_channels([input_channel], int(os.environ.get('PORT',
5004)), serve_forever=True)
```

记得把代码里的变量 *fb_verify*、*fb_secret*、*fb_access_token* 替换成真实值（译者注：参考"在 Facebook 上创建和设置应用程序"一节）。

创建一个新的 *requirements.txt* 文件，并添加这个项目所需要的所有软件包和版本信息。我的 *requirements.txt* 文件内容如下；可能你的项目所需要的软件包会有所不同，但如果你是按照本章的机器人示例进行处理的，那么以下内容应该没有问题。

```
rasa-core==0.11.1
rasa-core-sdk==0.11.0
rasa-nlu==0.13.2
gunicorn==19.9.0
requests==2.18.4
spacy==2.0.11
sklearn-crfsuite==0.3.6
```

在服务器上安装软件包。

现在像之前一样在 Heroku 中再次创建一个新的应用程序。打开 Heroku 控制面板并创建一个如图 5-9 所示的新应用程序。

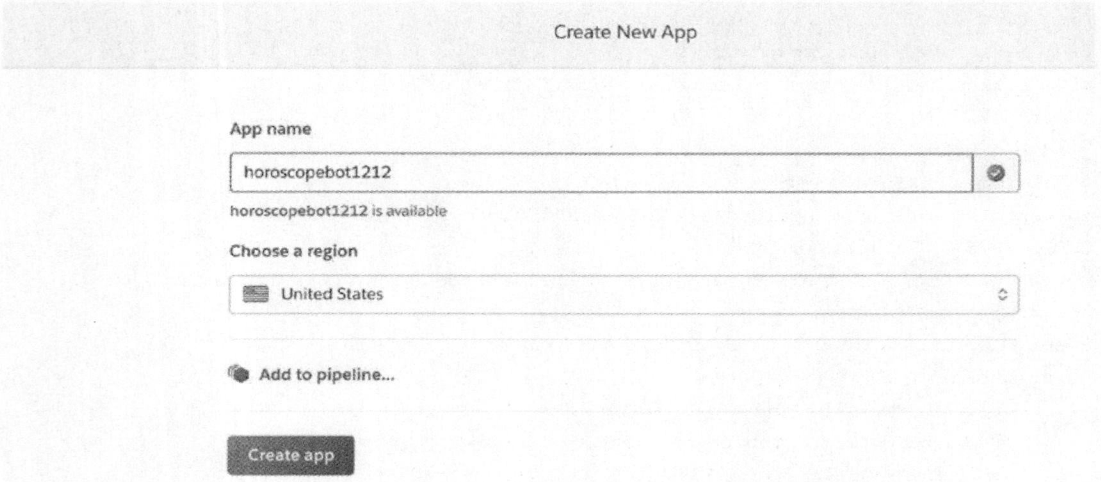

![创建应用程序界面]

图 5-9 在 Heroku 中创建对话管理应用程序

创建完应用程序后，现在回到项目根目录，并在项目文件夹下打开命令行，运行以下命令集：

```
$ git init
$ heroku git:remote -a <your-heroku-app-name>
$ heroku buildpacks:set heroku/python
$ heroku config:set PORT=5004
$ git add .
$ git commit -am "deploy my bot"
$ git push heroku master
```

如果在部署后遇到了运行时错误，错误信息可能如下：

```
ValueError: You may be trying to read with Python 3 a joblib pickle generated with Python 2. This feature is not supported by joblib.
```

这是由于使用了 Python 2.x 版本。Heroku 默认使用 Python 3.x 版本。所以，如果想要使用 Python 2.x，需要执行下面的步骤来解决问题，把 Python 3.6 改成 Python-2.7.15。

在项目的应用程序根目录下创建文件 runtime.txt。打开 runtime.txt，增加以下内容：

```
python-2.7.15
```

保存 runtime.txt 文件，这样 Heroku 就会使用上述 Python 版本构建项目。

成功部署后，会看到 Heroku 提供的一个 URL 地址，表示应用程序已经部署到了这个链接上。

```
remote: Compressing source files... done.
remote: Building source:
remote:
remote: -----> Python app detected
remote: -----> Installing requirements with pip
remote:
remote: -----> Discovering process types
remote:        Procfile declares types -> web
remote:
remote: -----> Compressing...
remote:        Done: 254M
remote: -----> Launching...
remote:        Released v17
remote:        https://horoscopebot1212.herokuapp.com/ deployed to Heroku
remote:
remote: Verifying deploy... done.
To https://git.heroku.com/horoscopebot1212.git
   cd3eb1b..c0e081d  master -> master
```

部署需要一点时间,所以尽可能保持耐心——接下来就是见证奇迹的时刻。如果没有看到报错信息,那么你已经成功把聊天机器人部署到 Heroku 上了,并且是在云上,这样就可以和 Facebook Messenger 配合使用。下面来验证一下有没有部署成功。

验证对话管理应用程序在 Heroku 上的部署情况

为了验证对话管理程序是否在 Heroku 上成功部署,我们将执行以下步骤:

1. 使用 Heroku 提供的 URL 地址,并且追加以下内容 /webhooks/facebook/webhook?hub.verify_token=YOUR_FB_ VERIFY_TOKEN&hub.challenge=successfully_verified。确保使用的是在 Facebook Webhooks 中设置的正确令牌(替换变量 YOUR_FB_VERIFY_TOKEN 的值)。我的完整 URL 地址见链接列表 5.6 条目。

2. 打开浏览器把完整的 URL 粘贴过来,如果 hub.verify_token 是正确的,那么应该能获得 hub.challenge 的值。你的完整 URL 应该类似:网址见链接列表 5.7 条目。如果在浏览器上可以看到 successsfully_verified,那说明应用程序已经成功部署和运行了。

集成 Facebook Webhook

现在回到 Facebook 应用程序配置。我们会回到在第 3 步中还未完成的部分，重新添加回调 URL（参考"在 Facebook 上创建和设置应用程序"一节）。请务必检查 Subscription Fields（订阅字段）中的内容。可以参考图 5-10。

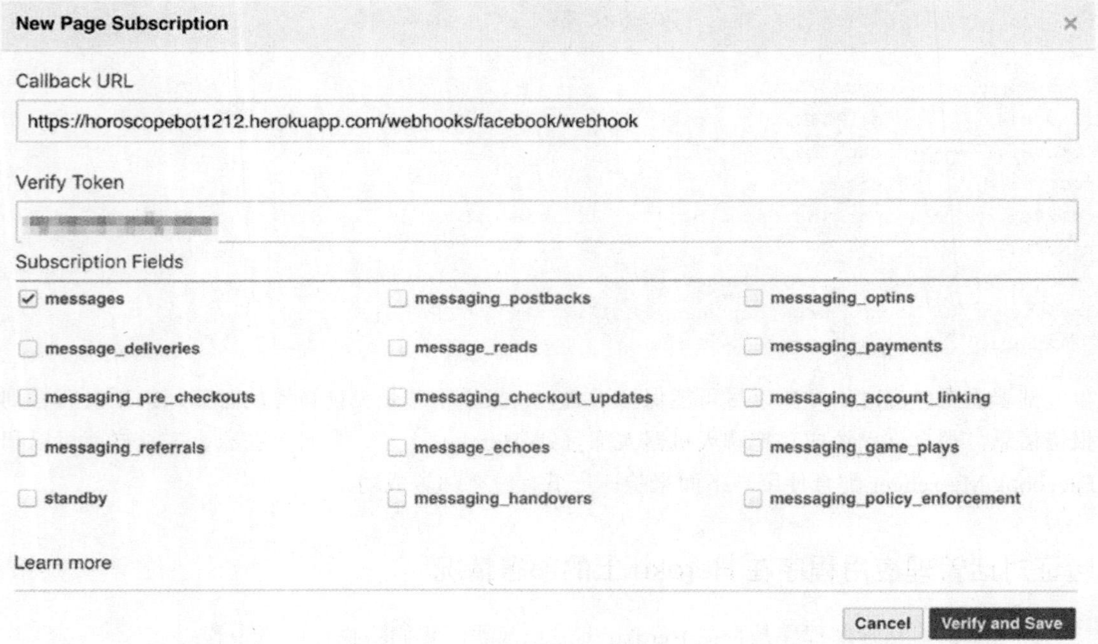

图 5-10　Facebook Messenger Webhook 配置

单击"Verify and Save（验证和保存）"按钮，Facebook 将会使用上述 URL 地址匹配验证令牌，我们的服务器（也就是应用程序）只会响应拥有正确令牌信息的请求。一旦匹配成功，应用程序就能成功获得 Webhook 订阅的内容。

接下来，在页面上的 Webhooks 栏目中，选择你的 Webhook 需要订阅的页面事件。

第 5 章 部署自己的聊天机器人   149

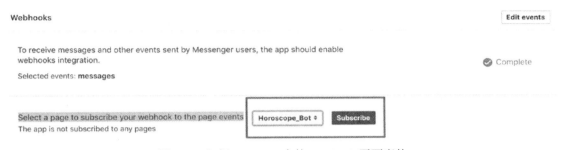

图 5-11　订阅 Webhook 中的 Facebook 页面事件

大功告成！是时候在 Facebook 上测试 Horoscope 机器人了。

部署后验证：Facebook 聊天机器人

在一般的软件开发场景里，大家会首先构建程序，测试程序，然后部署并进行 PDV（post-deployment verification，部署后验证）。我们也会采用类似的步骤，在 Facebook Messenger 聊天机器人成功部署后进行 PDV。这很重要，正如你所了解的，聊天机器人响应用户的某些意图请求时需要连接到动作服务器。PDV 就像一个健全测试，检查应用程序的总体情况是否良好。如果你搭建的聊天机器人使用了 10~15 个不同服务商的 API，那么一定要对所有相关的场景进行检查，机器人是否能连接到动作服务器并调用相应的 API，最终返回数据。

所以，打开 messenger 应用程序或者在计算机的浏览器上登录 Facebook 网站，找到你的机器人并跟它开始对话。

图 5-12.1 至图 5-12.3 展示了我的 Horoscope 机器人能做的事情。

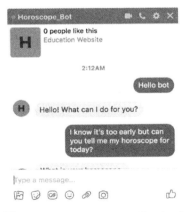

图 5-12.1　Horoscope_Bot Facebook

图 5-12.2　Horoscope_Bot Facebook

图 5-12.3　Horoscope_Bot Facebook

看！第一个内部聊天机器人应用程序已经部署在网络上了，并且可以通过 Facebook Messenger 平台访问。接下来把它分享给你的家人、朋友、同事，甚至全世界的人。

在 Slack 上部署聊天机器人

在本节我们将会把聊天机器人部署到 Slack。Slack 是一款被开发者和公司广泛使用的团队协作工具。如果你不是一个重度社交媒体使用者，那可以通过 Slack 的图形界面与你的机器人对话。因此，继续深入，搭建我们第一个内部 Slack 聊天机器人。

为了将星座聊天机器人部署到 Slack 上，我们将编写一个独立的脚本，就像在 Facebook 示例中做的一样。

为 Slack 创建独立脚本

在项目文件夹中创建一个名为 *slack.py* 的新文件。该文件内容如下所示：

```python
from rasa_core.channels.slack import SlackInput
from rasa_core.agent import Agent
from rasa_core.interpreter import RasaNLUInterpreter
import os
from rasa_core.utils import EndpointConfig

# load your trained agent
interpreter = RasaNLUInterpreter("models/nlu/default/horoscopebot/")
MODEL_PATH = "models/dialogue"
action_endpoint = EndpointConfig(url="https://horoscopebot1212-actions.herokuapp.com/webhook")

agent = Agent.load(MODEL_PATH, interpreter=interpreter, action_endpoint=action_endpoint)

input_channel = SlackInput(
        slack_token="YOUR_SLACK_TOKEN",
        # this is the `bot_user_o_auth_access_token`
        slack_channel="YOUR_SLACK_CHANNEL"
        # the name of your channel to which the bot posts (optional)
)
# set serve_forever=False if you want to keep the server running
s = agent.handle_channels([input_channel], int(os.environ.get('PORT', 5004)), serve_forever=True)
```

facebook.py 和 *slack.py* 的主要差别是我们创建的 *input_channel* 对象。Rasa 提供了各种内置渠道，如 Facebook、Slack、Mattermost、Telegram、Twilio、RocketChat 和 Microsoft Bot Framework。

使用内置渠道，可以直接在各种渠道轻松地部署同一个机器人。

如你所见，我们需要在脚本中添加 *slack_token* 和 *slack_channel*。正如在 Facebook 开发者平台上创建了一个 Facebook 应用程序，同样也需要在 Slack 上创建一个对应的应用程序。

下面来一步一步进行实现。

1. 打开网址（见链接列表 5.8 条目），并单击"Create App（创建应用程序）"按钮。参见图 5-13。

图 5-13　在 Slack 上创建一个应用程序

2. 下一步是创建一个机器人用户。要创建机器人用户，单击"Add features and functionality（添加特性和功能）"下的"**Bots（机器人）**"。在新页面中，将看到"Add Bot User（添加一个机器人用户）"选项。对照图 5-14，了解如何添加一个机器人用户以及详细信息。

Bot User

You can bundle a bot user with your app to interact with users in a more conversational manner. Learn more about how bot users work.

Display name

Horoscope Bot using Python

Names must be shorter than 80 characters, and can't use punctuation (other than apostrophes and periods).

Default username

horoscopebot1212

If this username isn't available on any workspace that tries to install it, we will slightly change it to make it work. Usernames must be all lowercase. They cannot be longer than 21 characters and can only contain letters, numbers, periods, hyphens, and underscores.

Always Show My Bot as Online
When this is off, Slack automatically displays whether your bot is online based on usage of the RTM API.

[Add Bot User]

图 5-14　在 Slack 上为机器人命名

3. 根据正在搭建的聊天机器人填写详细信息。可以使用喜欢的任意名称作为显示名称；默认用户名必须是唯一的；也可以使用默认值。打开"Always Show My Bot as Online（机器人始终显示在线状态）"选项，那么机器人将始终显示成一个在线的用户。这就是聊天机器人的作用——人类做不到 7×24 小时在线，但是聊天机器人可以，因此打开这个功能。确保你保存了更改的设置。

4. 返回"Basic Information（基本信息）"选项卡。单击"Install your app to your workspace（将你的应用程序安装到工作区）"选项。应用程序会进行身份确认。请像对待其他应用程序一样对它进行授权。图 5-15 中为授权信息。

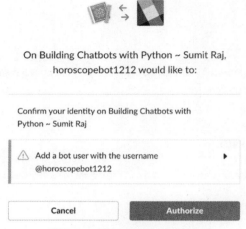

图 5-15　授权 Slack 应用程序

将会在"Add features and functionality（添加特性和功能）"选项卡下的"Bots and Permissions（机器人以及权限）"看到一个绿色选中标记。这意味着机器人已经成功集成。这表明到目前为止我们都没有出现问题。

5. 跳转到 "OAuth & Permissions（授权与权限）"部分，并复制 **Bot User OAuth Access Token（机器人用户 OAuth Token）**。

6. 将 Token 粘贴到我们的 Python 脚本 *slack.py* 中。根据喜好为渠道命名。如果想将机器人发布到某一个渠道上，则需要提供渠道名称。我使用@slackbot。如果未设置 *slack_channel* 参数，消息会被投递回发信方。

编辑 Procfile

在这一步中，由于使用的是同样的代码库，因此不会创建任何新的 Procfile。我们将更改现有的 Procfile 替换成以下内容，使其适用于 Slack 机器人。因此，将脚本文件的名词从 *facebook.py* 改为 *slack.py*，以便 Heroku 使用指定的文件启动应用程序。

```
web: python -m spacy download en && python slack.py
```

将 Slack 机器人最终部署到 Heroku 上

为了将新的 Slack 机器人部署到 Heroku，我们将会在命令行中执行一组类似的 Heroku 命令来部署应用程序。

```
$ git init
$ heroku git:remote -a <your-heroku-app-name>
$ git add .
$ git commit -am "deploy my bot"
$ git push heroku master
```

订阅 Slack 事件

现在，单击"**Event Subscriptions（事件订阅）**"选项卡，通过切换屏幕上的按钮状态激活时间订阅功能。为 Slack 输入 Heroku 应用程序的 Webhook URL。

如果应用程序已使用修改后的 Procfile 成功部署到 Heroku，Slack 的 Webhook URL 将会是 *app_url* + *_webhooks_slack/webhook* 的格式，如下所示：

https://horoscopebot1212.herokuapp.com/webhooks/slack/webhook

在 Slack 使用特殊参数向上述 URL 发送 HTTP POST 请求，并在 Endpoint 使用该值进行响应后，将会看到认证通过的标记。这与我们在搭建 Facebook 聊天机器人时讨论过的秘密令牌类似。查看图 5-16 以了解更多信息。

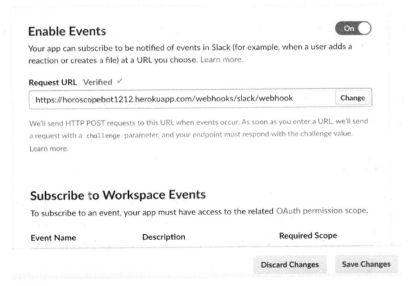

图 5-16　激活机器人的事件订阅

订阅机器人事件

在这一步中,我们只需要向下滚动事件订阅页面并转到"Subscribe to Bot Events(订阅机器人事件)"部分,单击"Add Bot User Event(添加机器人用户事件)"按钮。参考图 5-17 以了解准确位置。

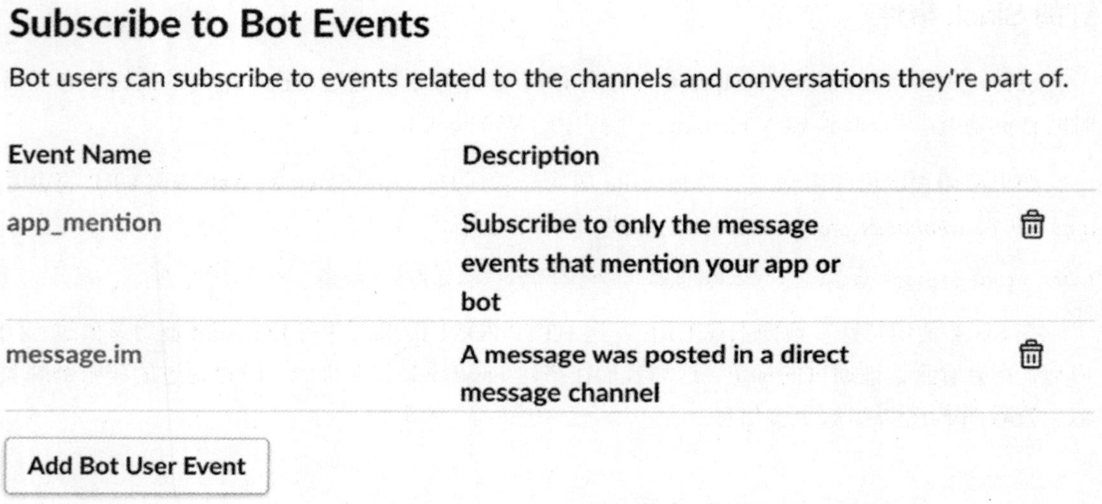

Subscribe to Bot Events

Bot users can subscribe to events related to the channels and conversations they're part of.

Event Name	Description	
app_mention	Subscribe to only the message events that mention your app or bot	🗑
message.im	A message was posted in a direct message channel	🗑

`Add Bot User Event`

图 5-17 订阅机器人事件

订阅机器人事件只不过是声明哪些事件机器人必须回应。在这里我们将演示两个场景:第一,当有人提到机器人的名字时(即 **app_mention**);第二,当有人直接向机器人发送消息时(即 **message.im**)。

现在,保存更改后,就完成了这项任务。是时候测试 Slack 聊天机器人了,就像在 Facebook 对应章节中所做的一样。

部署后验证:Slack 机器人

回到用来创建应用程序的工作区,在左侧的 Apps(应用程序)下,找到机器人。尝试与它交谈,看看它是否表现良好。我的机器人准确地给出我今日星座运势,这很好。如果到目前为止你还没能做到这一步,参考图 5-18 看看我的 Slack 机器人是如何响应的。

图 5-18　测试 Slack 聊天机器人

现在，已经完成了 Slack 机器人。在下一节中，将把机器人部署到我们自己的图形界面（UI）上。搭建自己的图形界面可能需要一些前端技能，但不要担心，我们已经做好规划了。

独立部署聊天机器人

标题看起来很酷，不是吗？目前为止，我们已经使用 Facebook 或 Slack 把自己的聊天机器人部署到网页上，或者也可以使用 Telegram 等。但现在是时候独立部署所有内容——自己的服务器、自己的数据以及使用自己的用户界面建模。如果你代表一个组织或新兴企业家，可能会在 Facebook、Twitter 或 Slack 上发布机器人创意，但是也会希望机器人能在自己的网站上工作。随着用户群的增长，不断提高品牌价值。

在本节我们将基于迄今为止所有的工作最终搭建一个聊天机器人。机器人必须功能完善，并且不依赖任何第三方 API 或工具，如 Dialogflow、wit.ai、Watson 等。你将对你的机器人拥有最高的控制权，以你想要的方式对它进行调整。最重要的是能够轻松为数百万人进行扩展。

那么，让我们开始吧。

第一步是确保前两节部署的两个应用程序已经启动并正常运行。你已经知道如何对机器人进行健全检查。你需要保证对话管理应用和动作应用始终在运行状态,以便聊天机器人模型能在任何平台上使用。

现在,在我们创建 *facebook.py* 和 *slack.py* 文件的同一个目录下,再创建一个名为 *myown_chatbot.py* 的新文件。之前创建的脚本,如 *facebook.py* 和 *slack.py*,都是独立的文件,因此可以在命令中告诉 Heroku 执行哪个脚本来启动应用程序。现在,创建我们自己的脚本。该脚本将通过 REST API 在用户与聊天机器人之间传递请求/响应。

独立部署聊天机器人分为两部分。在第一部分中,将编写一个脚本创建自定义通道并将其发布为 REST API。在第二部分中,我们需要自己的图形界面,因为到目前为止,我们一直在使用 Facebook 和 Slack 的聊天界面进行对话。

编写脚本实现自己的聊天机器人通道

这个脚本与我们之前学习和编写过的内容类似,但它需要重载 rasa_core 中一些现有方法,以便我们可以定义自己的 API 认证规则。在下面的代码中,我已经完成了基本的字符串令牌验证。不建议在线上系统中这样做,如果要为较大的系统搭建聊天机器人,请务必小心编写这部分代码。

创建一个名为 *myown_chatbot.py* 的文件,并在其中添加以下内容:

```
import os

from rasa_core.channels.rasa_chat import RasaChatInput
from rasa_core.agent import Agent
from rasa_core.interpreter import RasaNLUInterpreter
from rasa_core.utils import EndpointConfig

# load your trained agent
interpreter = RasaNLUInterpreter("models/nlu/default/horoscopebot/")
MODEL_PATH = "models/dialogue"
action_endpoint = EndpointConfig(url="https://horoscopebot1212-actions.herokuapp.com/webhook")
agent = Agent.load(MODEL_PATH, interpreter=interpreter, action_endpoint=action_endpoint)

class MyNewInput(RasaChatInput):
    def _check_token(self, token):
```

```
  if token == 'mysecret':
    return {'username': 1234}
  else:
    print("Failed to check token: {}.".format(token))
    return None
input_channel = MyNewInput(url='https://horoscopebot1212.herokuapp.com')
# set serve_forever=False if you want to keep the server running
s = agent.handle_channels([input_channel], int(os.environ.get('PORT', 5004)), serve_fo
rever=True)
```

这里要注意几点：

- rasa_core 中的 _check_token 方法基本如下所示，它通过 API 调用获取用户对象。这主要用来做用户级别的身份认证。在早期重载方法中，应尽量保持代码逻辑简单，理解它的用法并保证它能够正常工作。

```
def _check_token(self, token):
    url = "{}/users/me".format(self.base_url)
    headers = {"Authorization": token}
    logger.debug("Requesting user information from auth server {}." "".format(url))
    result = requests.get(url,
            headers=headers,
            timeout=DEFAULT_REQUEST_TIMEOUT)
    if result.status_code == 200:
        return result.json()
    else:
        logger.info("Failed to check token: {}. "
            "Content: {}".format(token, request.data))
        return None
```

- 使用 Rasa 本身的 _check_token 方法需要你编写一个 API 或 Web 服务，该 API 或 Web 服务能够接受请求并以指定的方式返回响应。
- 确保将动作服务器的端点替换成你自己的 URL。
- 记住，代码中的字符串 "*mysecret*" 稍后将用于发起 API 调用。

编写 Procfile 并部署到 Web 上

到现在，你一定非常熟悉如何为 Heroku 部署创建 Procfile。我们将再次使用现有的 Procfile

并做些修改，以便将基于 API 的聊天机器人部署到 Web 上。给现有的 Procfile 文件创建备份，这样你就可以随意修改新的 Procfile。

以下是我的 Procfile 文件内容：

```
web: python -m spacy download en && python myown_chatbot.py
```

当你修改好 Procfile 后，执行以下这组命令。这组命令在部署 Facebook Messenger 和 Slack 机器人时学习过。

```
$ git init
$ heroku git:remote -a <your-heroku-app-name>
$ git add .
$ git commit -am "deploy my bot"
$ git push heroku master
```

当执行完最后一个命令，将会看到 Heroku 的一些日志，与发布版本、应用程序变更信息等相关。

验证你的聊天机器人 API

获得部署成功的消息后，测试一下聊天机器人 API 是否能正常工作。为了快速地进行健全性测试，请单击以下网址：

```
<your-basic-app-url>+/webhooks/rasa/
```

示例：

网址见链接列表 5.9 条目。

在浏览器中打开这个链接应该会给出如下响应。如果状态是 ok，那么你成功了——请休息一下，坐下来，进行下一步的调试。

```
{"status":"ok"}
```

有时候，以上验证可能还不够，所以通过尝试检查聊天机器人是否能识别意图并给予对应的响应来进行更完善的测试。

我将会使用 POSTMAN 工具（POSTMAN 是一个非常好的图形界面 API 测试工具）。你也可以使用任何熟悉的工具。我们将测试其中一个机器人应该理解并给予响应的意图。我测试了问候意图，它表现得非常好。如图 5-19 所示，机器人以预期的响应返回。

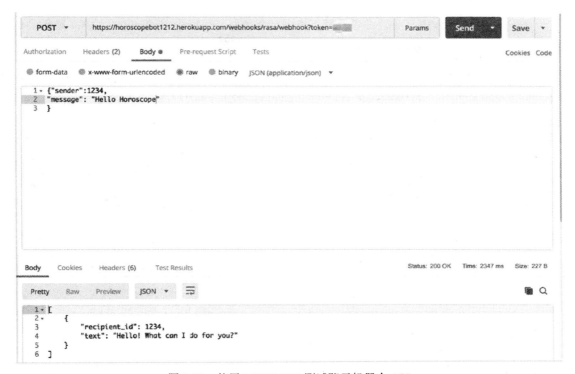

图 5-19　使用 POSTMAN 测试聊天机器人 API

绘制聊天机器人的图形界面

正如之前讨论的，作为第二步的一部分，我们需要有自己的图形界面，以便用户和机器人之间有一个友好场所进行对话。如果你是一个前端工程师或团队中有前端开发人员，你可以轻松地将聊天机器人 API 提供给前端团队，并让前端团队将 API 与聊天机器人图形界面集成。他们可以使用常规的 HTTP 请求来使用这些 API。Websockets 是一种更好的方式，但这不在本书的范围内。

如果不熟悉前端技术，比如 HTML、CSS、JavaScript，那么建议你学习这本书：*Pro HTML5 with CSS, JavaScript, and Multimedia (Apress, 2017)*。

为了读者（或者说初学者）的便利，我们搭建了一个聊天机器人和用户对话的基础图形界面。可以在 Github 或 Apress 的网站上找到完整的代码。下面介绍一些必要的配置，使它适用于你的机器人。

在下载本章的代码后，你将在主目录下找到一个名为 *my_own_chatbot* 的文件夹。跳转到这个文件夹并打开 assets_js_script.js 文件。

将以下 JavaScript 代码替换成你自己的端点 URL。如果应用名称不同，那么以下 URL 也会有所不同。如下所示，在 JavaScript 代码中使用你自己的带令牌的 URL。

```
var baseUrl = "https://horoscopebot1212.herokuapp.com/webhooks/rasa/
webhook?token=YOUR-SECRET";
```

保存文件并在浏览器中打开 *index.html* 文件，就可以看到可用的聊天机器人图形界面。但是从本地简单的 HTML 发起 API 调用会引发跨域（CORS）问题。因此，为了避免这个问题，下面将修改现有的 *myown_chatbot.py* 文件，使用 Heroku 应用来提供相关 HTML 页面。

将 *myown_chatbot.py* 修改为以下内容，之后将对更改的内容进行讨论。

```python
import os

from rasa_core.channels.rasa_chat import RasaChatInput
from rasa_core.channels.channel import CollectingOutputChannel, UserMessage
from rasa_core.agent import Agent
from rasa_core.interpreter import RasaNLUInterpreter
from rasa_core.utils import EndpointConfig
from rasa_core import utils
from flask import render_template, Blueprint, jsonify, request

# load your trained agent
interpreter = RasaNLUInterpreter("models/nlu/default/horoscopebot/")
MODEL_PATH = "models/dialogue"
action_endpoint = EndpointConfig(url="https://horoscopebot1212-actions.herokuapp.com/webhook")

agent = Agent.load(MODEL_PATH, interpreter=interpreter, action_endpoint=action_endpoint)

class MyNewInput(RasaChatInput):
    @classmethod
    def name(cls):
        return "rasa"
    def _check_token(self, token):
        if token == 'secret':
            return {'username': 1234}
        else:
```

```python
            print("Failed to check token: {}.".format(token))
            return None
    def blueprint(self, on_new_message):
        templates_folder = os.path.join(os.path.dirname(os.path.abspath(__
        file__)), 'myown_chatbot')

        custom_webhook = Blueprint('custom_webhook', __name__, template_
        folder = templates_folder)

        @custom_webhook.route("/", methods=['GET'])
        def health():
            return jsonify({"status": "ok"})
        @custom_webhook.route("/chat", methods=['GET'])
        def chat():
            return render_template('index.html')
        @custom_webhook.route("/webhook", methods=['POST'])
        def receive():
        sender_id = self._extract_sender(request)
            text = self._extract_message(request)
            should_use_stream = utils.bool_arg("stream", default=False)

            if should_use_stream:
                return Response(
                        self.stream_response(on_new_message, text,
                        sender_id),
                        content_type='text/event-stream')
            else:
                collector = CollectingOutputChannel()
                on_new_message(UserMessage(text, collector, sender_id))
                return jsonify(collector.messages)

        return custom_webhook
input_channel = MyNewInput(url='https://horoscopebot1212.herokuapp.com')
# set serve_forever=False if you want to keep the server running
s = agent.handle_channels([input_channel], int(os.environ.get('PORT', 5004)), serve_f
orever=True)
```

以下是我们做的修改：

- 重载现有的 *name* 和 *blueprint* 方法，这使我们能够创建自己的端点并能自由地对它进行定义。

- 创建了一个新的 /chat 端点，用于渲染 *index.html* 文件。这就是聊天机器人的图形界面。所以，这也将是我们聊天机器人的主页链接。
- 必须引入一些必要的类和方法，比如 utils、CollectingOutputChannel 以及 UserMessage，以便程序能够正常运行。

使用以下命令保存文件，并将变更重新部署到 Heroku 应用程序。

```
$ git add .
$ git commit -am "deploy my bot"
$ git push heroku master
```

一旦部署成功——瞧！我们已经准备好将机器人共享到全世界，它使用两个 Heroku 应用程序：一个用于对话管理，另一个用于动作。

在浏览器中打开以下 URL，我们将看到自定义聊天机器人界面：

https://horoscopebot1212.herokuapp.com/webhooks/rasa/chat

图 5-20.1 和图 5-20.2 是聊天机器人在对话过程中的界面。

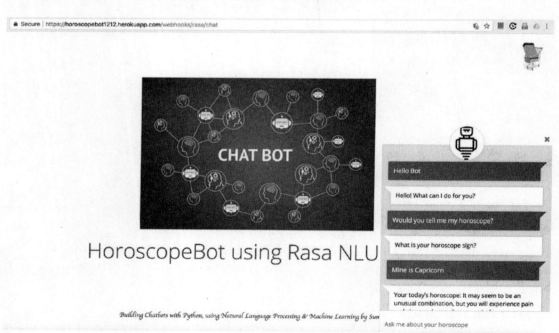

图 5-20.1　自己网站上的自定义聊天机器人

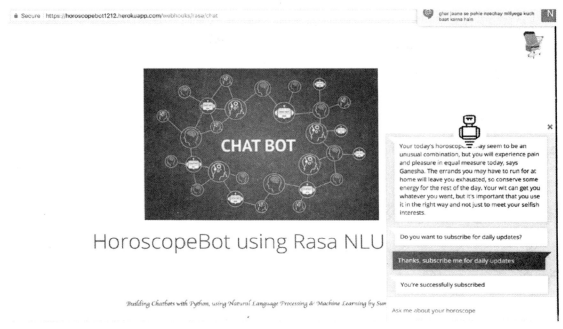

图 5-20.2　自己网站上的自定义聊天机器人

使用 Heroku 的自定义域名功能，可以轻松地将同一个应用程序指向自己的网站名称，比如 www.example.com。不管是为了盈利还是非盈利的目的，当你觉得你的机器人已经足够好并且可以对全世界开放时，那赶紧行动起来吧。

就到这里，伙伴们！这就是在自然语言处理和机器学习的帮助下使用 Python 搭建聊天机器人的方法。我希望本章以及前几章的内容能对你有所帮助，希望你可以从实践中学习并搭建聊天机器人。

总结

在本章中，我们学习了如何使用 Heroku 将应用程序部署到我们自己的服务器上；学习了如何使用 Facebook 开发者平台将聊天机器人集成到 Facebook 上；还学习了为 Slack 应用程序搭建一个自定义聊天机器人并对其进行测试；最后，正如第 3 章的末尾所承诺的，移除所有来自社交媒体平台的依赖，绘制了自己的图形界面，将其部署到 Heroku 上并进行测试。我们看到它表现得非常好——在训练时能够正常工作。由于我们已经启动了一个能正常工作的基础模型，现在你可以处理聊天机器人表现不好的场景。确认这个问题是由数据、训练，还是动作服务器，抑或是自定义代码引起的。一旦找到了根本原因，修复它，重新部署，并检查聊天机器人是否有所改进。我们都是从小的应用程序开始一步步构建更大的软件系统的。

我很期待收到你的来信，并想知道在读完本书之后你都搭建了什么样的聊天机器人。如果你遇到任何概念、代码执行或部署的问题，请联系我，我将很乐意随时为你提供帮助。

感谢，干杯！